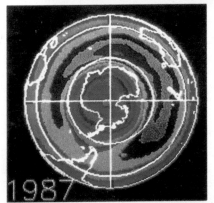

는 홀이다。 1987년 10월과 1979년 10월늘┐에 있어서의 오존 전량의 분포를 나타낸다。 1987년의 남극점을 중심으로 하는 지역의 값은 140도브슨이며 1979년의 값(300도브슨)의 반 이하가 되어 있다는 것을 알 수 있다(본문 178쪽 참조)。

⇧ 북극의 성층권에서 관측된 극성층권운(PSC), 극성층권운은 성층권의 기온이 내려가면 나타나고 오존을 감소시키는 광화학 반응을 촉진한다[본문 190쪽 참조, 나고야(名古屋)대학 곤도(近藤量)씨 제공].

⇩ 성층권 오존 관측에 널리 사용되는 도브슨 분광계(본문 46쪽 참조).

⇧ 성층권의 프레온 등의 미량 성분을 관측하기 위해 산리쿠(三陸) 해안에서 띄우는 기구와 관측 장치(본문 62쪽 참조, 우주 과학 연구소 제공).

지구의 수호신 성층권 오존

왜 주는가? 줄면 어떻게 되는가?

시마자키 다쓰오 지음
한명수 옮김

BLUE BACKS
韓國語版

地球の守護神＝成層圏オゾン
なぜ減る？ 減るとどうなる？
B-804 ⓒ 島崎達夫
1989
日本國・講談社

【지은이 소개】

島崎達夫   시마자키 다쓰오

1925년 도쿄(東京) 태생.

도쿄대학 이학부 졸업, 이학박사, 전공은 고층 대기 물리학.

다고야(名古屋)대학 공전 연구소, 우정성(垂政省) 전파 연구소, 캐나다 국립
연구소를 거쳐 1963년 도미하여 미국 상무성(商務省) 환경과학 연구소, 동
해양·대기 연구소를 거쳐 현재 미국 항공우주국(NASA) 에임즈 연구소 연
구원. 그 동안에 일리노이대학과 문부성(文部省) 우주과학 연구소 객원교수.

저서로는 『성층권 오존』(도쿄대학 출판회) 등이 있음.

【역자 소개】

韓明洙   한명수

1927년 함남 함흥생.

서울대 사범대 수학. 전파과학사 주간, 동아출판사 편집부 근무.

현재 신원기획 일어부장.

역서 : 『현대물리학입문』, 『인류가 태어난 날 Ⅰ·Ⅱ』, 『물리학의 재발견(上·
下)』, 『우주의 종말』, 『초고진공이 여는 세계』, 『중성자 물리의 세계』
등

처음에

최근, 지구 규모의 환경 파괴가 갑자기 문제가 되고 있다. 제2차 세계대전 후의 각국의 급격한 공업화, 경제 활동의 확대로 1960년 대 이후에 각지에 '공해'문제가 속출하였는데, 이제는 개개의 지역 적 문제뿐만 아니고 지구 규모의 공해가 문제가 되어 인류의 생존 기반인 지구적 환경이 위기에 빠져 있다. 인구의 증대에 따르는 광 범위한 개발이나 열대우림 등의 삼림의 벌채에 의한 토양의 사막 화, 인간 활동에 의한 지구 대기의 오염 등 지구의 환경 파괴는 착 실히 진행되고 있다.

이러한 인식은 최근 일본에서도 많은 일반 사람에게 침투되어 있다. 실제로, 프레온가스에 의한 성층권 오존 파괴 문제나 석탄·석유 등의 화석 연료를 태울 때 생기는 이산화탄소의 증가로 온실 효과에 의한 지구의 온난화가 일어나는 문제는 대부분의 사람이 텔레비전이나 신문 등을 통해서 알고 있는 상황이다. 최근에 있어 서 이러한 경향은 물론 세계적인 것이지만, 성층권 오존 파괴 문제 는 구미에서는 상당히 이전부터 사람들의 주목을 끌고 있었으므로, 그 원인이라고 하는 프레온 규제에 대해 사람들이 받아들이는 방 식도 보다 냉정하고 자연스러운 것 같다.

성층권 오존의 파괴 문제는 1970년대초에 성층권을 나는 초음속 기(SST)의 영향을 조사하기 위해서 만들어진 미국의 CIAP위원 회에 의해서 처음으로 본격적인 조사·연구가 실시되었다. 최근에 와서 인공 위성에 의한 관측, 특히 남극에서의 오존 홀의 발견 등 에 의해서 성층권 오존이 감소되고 있다는 것을 알게 되고, 또한 노르웨이 등 북유럽 여러 나라에서 피부암 발생이 급격히 증가하 고 있다는 것이 판명되어 지금까지 '가설'이라고 해왔던 '인간 활동의 소산에 의한 프레온 등의 물질이 성층권 오존을 감소시킨다.'는 것이 갑자기 현실감을 가진 문제가 되었다.

지구 규모의 환경 파괴 문제는 이제는 과학이나 경제만의 문제가 아니고 국제 정치 문제가 되고 있다. 미소의 군축 회의 진행에 따라 이른바 '냉전'이 종말을 고하고 새로운 시대를 맞이하고 있다는 것은 사람들의 눈을 '위기에 직면하고 있는 지구'로 향하게 하는 데 절호의 기회가 되었다. 흔히 선진 여러 나라의 정치가들이 프레온을 아주 없애자는 따위의 환경 보호를 중시하는 정책을 내세우는 한편에서, 발전 도상국에서는 프레온을 규제하는데 따라 자기 나라의 경제적 발전이 제자리 걸음을 하여 선진국과의 격차가 영원히 해소되지 못할 뿐만 아니라 더욱 증대되는 사태에 대해서 반발하고 있다.

보통의 공해 문제에서는 피해가 현실적인 것이 되고 나서야 일반 시민이 떠들어대고 정부나 기업 사이에서 장기간에 걸친 교섭이 진행되고서야 공해 사실을 인정한다. 그러나 성층권 오존에 관한 지구 규모의 공해 문제에서는 그 진행 과정이 이것과는 반대가 되어 있다. 즉, 먼저 과학자들이 중대한 피해가 일어날 가능성을 지적하고 전세계의 정치가들이 그것을 거론하여 피해가 생기기 전에 그것을 방지하려는 것이다. 그 자체는 공해 방지에 대한 올바른 처리법인데, 실제로 방지할 수 있는가 없는가는 일반 시민의 협력 여부에 달려 있다. 이런 의미에서는 정치가를 비롯하여 일반 사람들도 성층권 오존에 대한 올바른 지식을 가지는 것이 아주 중요하다.

'남극의 오존 홀을 보았다'라든가 '그 밑을 지나면 피부가 타는 느낌이 난다'라든가, 또는 '오존 홀이 확대하여 지구 전체를 덮어버리면?' 따위의 잘못된 보도나 생각 때문에 극도로 걱정하는 사람도 있는데 실제는 어떤가? 이런 소박한 질문에 답하기 위해서도 좀더 냉정하게 사태를 다시 볼 필요가 있을 것 같다. 성층권의 오존 문제에는 아직 잘 모르는 점도 많이 있어서 전문가 사이에서도 의견이 갈라지는 일도 있다. 이 책은 그런 점도 포함하여 일반 사람들에게도 알 수 있도록 쓴 성층권 오존에 관한 책이다. 텔레비전이나 신문 등에서 보도되고 있는 것보다도 한발자국 앞선 내용을 알고 싶다는 사람들에게 읽어주기를 바라면서 썼다.

필자는 미국에서 CIAP위원회의 요청에 따라 조사·연구에 협력한 이래, 줄곧 성층권 오존에 관한 문제에 종사해 왔다. 1979년에 도쿄(東京) 대학 출판회에서 출판된 『성층권 오존』이라는 필자의 책을 읽고 일본의 많은 학생·연구자가 이 방면의 연구에 관심을 가지고 나아가고 있는 현상이다. 그 책은 최근 가필되어 제2판이 나가 있는데 대학의 이과계 학생 이상을 대상으로 하였기 때문에 일반 사람에게는 다소 어려운 것 같다. 시대의 요청도 있고 해서 더 일반 사람에게도 읽기 쉬운 성층권 오존에 관한 책을 써 보려고 하던 참에, 다행히도 이번에 문부성(文部省)의 우주 과학 연구소에 1년간 머무를 기회가 주어졌으므로 이 책을 쓰려고 생각했다.

이 책을 읽음으로써 '성층권' 또는 '성층권 오존'에 관한 지식을 보다 완전히 알고 인간 활동에 의한 성층권 오존 파괴와 그 결과에 대한 올바른 인식을 가지고 그 방지에 협력함과 동시에 그 밖의 지구 규모의 환경 파괴 문제(예를 들면 온실 효과에 의한 지구의 온난화 따위)에 대해서도 보다 한층 이해하고 그 해결에 마음을 써주면 필자의 기쁨은 더할 것이 없을 것이다.

또한 이 책의 전반은 성층권이나 성층권 오존에 관한 기초 지식을 설명하였는데 성층권 오존 문제를 완전히 이해하기 위해서는 필요하지만, 핵심은 후반 부분이므로 프롤로그 뒤, 후반(특히 제XI장과 제XII장)을 읽고 그 뒤에 전체를 통독하는 것도 이 책을 읽는 한 방법이라고 생각한다.

1989년 9월

島崎達夫

차 례

프롤로그 왜 오존이 문제가 되는가? ························· 11

성층권과 피카르와 12

생명의 수호신, 오존 13

인간 활동과 오존 15

Ⅰ 지구를 둘러싸는 대기는 어떻게 되어 있는가? ········· 19

1. 대류권과 성층권─성층권의 발견 20

2. 성층권보다 위의 대기─중층 대기란 무엇인가? 23

3. 지구의 대기는 어떻게 생겼는가?─대기를 구성하는
분자와 원자 25

4. 미량 성분은 어떻게 분포되어 있는가?─광화학
평형과 수송의 영향 28

Ⅱ 성층권 오존은 어떻게 발견되었는가? ····················· 31

1. 태양 광선의 스펙트럼 32

2. 오존은 자외선을 흡수한다 32

3. 오존층과 하틀리의 예언 36

4. 로켓 관측에 의한 증명 37

Ⅲ 성층권 오존층은 어떻게 생기는가? ························· 39

1. 채프먼의 오존층 생성론─순산소 대기의 이론 40

2. 이론과 관측 결과가 일치하지 않는다?─미량 성분의
영향과 운동의 효과 42

Ⅳ 성층권 오존층은 어떻게 관측하는가!? ······················ 45
　1. 오존 전량의 관측　46
　　1a 도브슨의 분광계　46
　　1b 필터를 사용하는 방법　49
　2. 오존 밀도의 고도 분포를 구하려면　50
　　2a 괴츠의 반전법　50
　　2b 기구에 의한 관측(오존 존데)-전기 화학법과
　　　화학 형광법　51
　3. 인공 위성으로부터의 관측　54
　4. 지표로부터의 라이터 관측　55
　5. 오존층 관측에서 알게 된 것　57
　6. 오존 이외의 미량 성분을 관측하는데는······　62
　　6a 현장 측정　62
　　6b 원격 측정　64

Ⅴ 성층권 오존은 어떤 구조로 소멸하는가!? ··················· 67
　1. 질소 산화물의 촉매 작용　68
　2. 수소 산화물의 촉매 작용　71
　3. 염소 산화물의 촉매 작용　72

Ⅵ 오존 분포는 대기 운동과 어떤 관계가 있는가!? ········· 75
　1. 하부 성층권에 있어서의 운동의 중요성　76
　2. 대기 운동의 추적자　76
　3. 대기의 대순환-대류권과 성층권 공기의 대규모 운동　80
　4. 대류권과 성층권의 교류　83

Ⅶ SST(성층권 초음속기)가 오존층을 파괴한다? ·········· 87
 1. SST(성층권 초음속기)의 무엇이 문제였는가?—지구
  규모의 공해 문제의 시초 88
 2. CIAP위원회의 활동 90
 3. SST문제의 재평가 91

Ⅷ 질소 화학 비료는 오존층에 어떻게 영향하는가? ········ 97
 1. 질소의 순환과 성층권의 질소 산화물 98
 2. 농업 비료의 살포와 성층권 오존 101

Ⅸ 오존층의 변화는 생물에 어떤 영향을 주는가? ········· 103
 1. 성층권 오존에 의한 태양 자외선의 차폐 104
 2. 자외선의 식물이나 동물에의 영향 106
 3. 인체에의 영향—피부암의 증가 108
 4. 공룡의 절멸에 관계가 있는가?—우주선과 성층권 오존 112
 5. 오존층의 진화 118
 6. 화성 대기에도 오존이 있다. 121

Ⅹ 오존층 감소는 기후에 어떤 영향을 주는가? ············ 125
 1. 대기의 열수지는 어떻게 되어 있는가 126
 2. 온실 효과에 의한 지구의 온난화 130
 3. 복사·광화학·운동의 상호 작용 134
 4. 화산 폭발과 성층권 에어로졸의 영향 138

Ⅺ 프레온은 정말로 오존층을 파괴하는 가? ················ 143
 1. 기적의 분자 프레온—그 특성과 광범위한 용도 144
  1a. 냉각제 146

1b. 분사제 *147*

1c. 발포제 *148*

1d. 세정제 *148*

프레온 생산량의 추이 *149*

2. 성층권이나 남극에도 프레온이 있다―롤랜드와
  몰리나의 경고 *152*

3. 프레온의 영향에 관한 모델 계산 *156*

4. 성층권 오존에의 영향은 검출되었는가 *160*

5. 프레온의 온실 효과 *165*

6. 프레온의 생산·사용 규제의 발자취 *166*

7. 프레온 대체품의 개발은 가능한가 *171*

XIII 남극 오존 홀은 왜 생기는가? ····························· *173*

1. 남극에 있어서의 이상 현상의 발견 *174*

2. 남극 오존 홀의 특질 *177*

3. 운동 효과인가, 광화학 작용인가?―프레온이
  장본인인 것 같다. *184*

  3a 운동의 효과설 *184*

  3b 광화학 반응설(프레온의 영향) *186*

  3c 하부 성층권에서의 염소 산화물의 촉매 반응 *188*

4. 극성층권운의 역할 *190*

5. 성층권 돌연 이상 승온의 영향 *194*

끝으로 *201*

O₃

프롤로그
왜 오존이 문제가 되는가?

성층권과 피카르와……

미국 신문의 사회 평론란에 '지구 주위에는 눈에 보이지 않지만 우리를 보호해 주고 있는 **보존(boson)**층이 있다고 한다. 최근 그 층에 구멍(hole)이 뚫어지고 닳아졌기 때문에, 세계에 이상 기상이 나 사회 불안, 나아가서는 경제 마찰 따위의 까다로운 문제가 차례로 일어나서 드디어는 인류가 멸망하는 소동이 일어나려고 하고 있다고 한다'는 것을 주요 내용으로 하는 기사가 났었다. 보존은 물론 오존(ozone)을 말하며, 과장된 표현이지만 지금의 프레온 (Freon)과 성층권 오존 문제로 의심에 차 있는 사삼들의 기분이나 세태를 잘 나타내고 있다고 생각된다. 이렇게 성층권이라고 하면 요즘 사람들은 무슨 으스스한 것처럼 생각하고 있는지도 모른다.

그러나 성층권이라는 말은 필자가 젊었을 때에는 꿈이라든가 낭만을 느끼게 하는 말이었다. 전시중의 구제(舊制) 고등학교 시대에 스위스의 물리학자 오귀스트 피카르(A. Piccard)가 쓴 『성층권으로』라는 책을 읽고 몽상에 빠졌던 기억이 생각난다. 오늘날의 사람이 우주 여행을 꿈꾸는 것과 같은지 모르겠다.

피카르는 1931년에 자기가 만든 기구(氣球)를 타고 16km의 고도에까지 올라가서 인류로서는 처음으로 성층권을 본 사람이다. 피카르의 책은 기구 제작이나 비행의 실제를 적은 책이고, 성층권 오존 얘기 따위는 나오지 않았고, 필자 자신도 장차 자기가 성층권 오존연구에 종사하리라고 당시에는 전혀 생각하지도 못했다. 그러나 지금에 와서 생각해 보면 성층권에 대한 동경과 같은 것이 그뒤 자기 속에 숨어 있어서 무의식 중에 자신을 그 방면의 연구에 끌고 가는 작용을 하였는지도 모른다.

피카르의 실험의 주요한 목적은 당시의 학계를 떠들썩하게 한

우주선의 관측에 있었고, 성층권 오존에 대해서는 전혀 관심이 쏠리지 않았다. 실제로 성층권 오존의 전체가 확인된 것은 제2차 세계 대전이 끝난 뒤에 로켓에 의한 상층 대기의 관측이 실시되고 나서인데, 당시 이미 상층의 대기중에 오존이 존재한다는 것은 이론적으로 알려져 있었다. 그러나 그 양이 적은 데다가 피카르의 기구는 성층권의 입구에 겨우 도달했을 뿐이었으므로, 이 실험에 있어서는 기구나 인체에 대한 오존의 영향은 고려되고 있지 않았다.

생명의 수호신, 오존

오존은 지표 부근에 대량으로 생기면, **광화학 스모그**(光化學 smog)의 원인이 되므로 바람직하지 않다. 오존은 0.1ppm(ppm은 100만분의 1의 농도)을 넘으면 여러 가지 해를 주기 시작하고, 눈을 자극하거나 호흡기에 영향을 주기도 한다. 5ppm의 오존을 마시면 생명에 위험이 생긴다고 하는데, 25km높이의 성층권에는 15ppm을 넘는 오존이 존재한다. 15ppm이라고 해도 성층권에서는 대기 전체가 엷기 때문에 실제의 오존량은 그다지 많지 않다. 그러나, 피카르가 탄 기구가 더 상공에까지 날아가서 장시간 체재하였다면 인체에의 영향도 있었을지 모른다. 기구의 선실은 일단 밀폐되어 있었으나 오존이 침입할 가능성은 충분히 있었던 것으로 생각된다.

성층권 오존이 모두 대류권(對流圈)에 내려와서 균일하게 분포되면 약 0.3ppm의 농도가 된다. 만일 지상 1km에 차면 3ppm정도가 된다. 이것은 충분히 인체에 영향을 줄 수 있는 값이므로, 자연계의 오존의 대부분이 성층권에 차 있다는 것은 우리에게 아주 다행스러운 일이라고 해야겠다. 아니 그 이상으로 성층권 오존은 지상의 생명을 보호하는 중대한 구실을 하고 있는 것이 점차 밝혀지고 있다.

성층권의 오존을 전부 모아서 상온(常溫)·상압(常壓: 0℃에서 1기압)으로 하면 3㎜쯤의 두께가 된다. 대기 전체를 마찬가지로 하면 수㎞가 되므로 오존 전체는 대기 전체의 100만분의 1이하로 아주 소량에 지나지 않는다. 그러나 오존이 320nm(nm는 길이의 단위로 10^{-7}cm)보다 짧은 파장을 가진 자외선을 흡수하는 능력이 아주 크기 때문에 태양 자외선 중에서 그런 파장을 가진 것이 전혀 지상에 도달하지 않도록 흡수해 주고 있다.

만일, 상공에 오존이 없었다면 아주 하등한 생물이라도 이 지표에서 생존할 수 없다. 왜냐하면 해로운 태양 자외선이 모두 지표에 도달하게 되고, 그로 인하여 세포의 염색체가 파괴되어 증식(增殖)할 수 없게 되기 때문이다. 적당한 파장을 가진 자외선을 적당히 쬐는 것은 비타민 D의 생성 등 생체에게는 좋은 일도 있는데, 과도하게 쬐면 화상을 입는 등의 해가 있다. 또한 280nm에서 320nm인 중파장 자외선(UVB : Ultraviolet Beam이라고 한다)을 쬐면 피부암이나 백내장(白內障)이 많이 생기는 따위의 악영향도 생긴다. 자연은 오존층에 의해서 이 해로운 파장을 가진 자외선을 흡수하여 우리를 보호해 주고 있다.

오존에 의한 태양 자외선의 흡수는 성층권을 덥히므로 성층권 대기의 대순환(大循環)의 원동력이 된다. 대류권의 여러 가지 기상 현상이 성층권을 포함한 상층 대기의 변화에 관계된다는 것이 근년에 와서 점차 밝혀지고 있다. 그러므로, 오존층 변화는 대기의 대순환을 변화시켜 세계 기후에 중대한 영향을 줄 가능성이 있다. 기후 변동은 농업 생산 등에 큰 영향을 주므로, 식량 문제와 밀접한 관계가 있고, 이것 또한 인류의 생존에 보다 중요한 문제이다.

인간 활동과 오존

이런 일로 해서 성층권 오존의 변화, 더군다나 그 감소가 인류를 비롯한 지표에 사는 생물 전체에게 얼마나 중대한 영향을 미치는가를 알았으리라 생각된다. 실제로, 그러한 성층권 오존의 감소가 프레온가스에 의해서 일어나고 있다는 것이 오늘날 활발히 거론되고 있다.

프레온을 사용한 에어로졸 분사기의 규제에 대해서 미국 의회에서는 베트남 전쟁 이래 가장 많은 편지를 일반 사람에게서 받았다고 한다. 또한 미국인의 관심의 깊이를 나타내는 보기로서 1875년쯤의 텔레비전의 홈드라마(All in the family)에 다음과 같은 장면이 나와서 놀란 일이 있다. 그것은 젊은 부부 사이에서 아이를 몇

그림 1 "우린, 애를 몇 가지면 될까요?" "이것을 모두가 쉭쉭 뿌릴 때마다 성층권 오존이 준다고 해. 이런 위험한 세상에서 애를 낳는다니 무책임 해." 미국의 텔레비전 홈 드라마 『All in the family』의 한 장면(1975년경 방영).

갖고 싶은가 얘기를 나눴을 때, 남편쪽이 옆에 있던 프레온의 분사기를 잡고 '이것을 모두 쉭쉭할 때마다 성층권 오존이 줄어가고 있다고 해. 이런 위험한 세상에서 아이를 낳는 것은 무책임해.'라고 외치고 있었다(그림 1).

일본에서도 최근 겨우 프레온 문제가 일반 사람에게 관심이 생기게 되어 그림 2와 같은 프레온의 에어로졸 분사기를 사용하는 일에 대한 비판이 신문 만화에도 나오게 되었다.

인간 활동에 의해서 생기는 아주 적은 화학 성분에 의하여 성층권 오존이 감소된다는 것이 미국에서 처음 문제된 것은 1970년대 초이다. 당시, 보잉사(Boeing 社) 등이 개발하려던 성층권 초음속기(SST)로부터 배출되는 질소 산화물이 문제가 되었다. 필자는 이 SST문제를 조사·연구하기 위해 설립된 CIAP(Climatic Impact Assessment Program)위원회에 참가한 이래, 문제가 염소 산화물에서 프레온가스로 발전해가는 과정을 내 자신의 연구를 포함하여 학회나 위원회의 활동을 통하여 빠짐없이 체험했다. 그 체험에 의거하여 문제의 시작에서 그 발전 사정을 설명함과 동시에 성층권 오존에 관한 물리적·화학적 과정이나 프레온 문제, 남극 오존 홀 문제 등에 대해서 알기 쉽게 해설해 보려고 생각한다.

그림 2 시대는 되돌아가는가? 장래는? [아사히(朝日)신문 1989년
3월 5일, 1989년 3월 13일에서]

O₃

I

지구를 둘러싸는 대기는 어떻게 되어 있는가?

1. 대류권과 성층권
—성층권의 발견

지구를 둘러싸는 공기 전체를 대기(大氣)라고 한다. 대기의 약 75%는 대류권에 있고, 약 25%가 성층권에 있다. 그리고 겨우 0.02%가 성층권보다 위에 있다. 왜 대기는 이렇게 대류권과 성층권에 나눠져 있는가?

지표 부근의 기압은 고기압이나 저기압이 있는 장소에서는 다소 커졌다가 작아졌다 하는데, 대체로 어디에서도 거의 1기압(약 1013.25mb)에 가깝다. 그런데 높은 산에 올라가면 알게 되는 것처럼 기압은 위로 갈수록 내려가서 공기는 점점 엷어진다. 예를 들면, 8km를 넘는 히말라야산 위의 기압은 300mb쯤으로 내려가므로, 등산자는 산소 봄베를 쓰지 않으면 충분한 호흡을 할 수 없다.

산 위에서는 기압이 낮은 동시에 기온이 낮다는 것도 잘 알려져 있다. 그것은 지표에서 흡수된 태양열이 지표에서 다시 복사되어 공기를 데워서 대류나 난류(亂流)가 생겨 공기가 상하로 운동하기 때문이다. 공기가 기압이 높은 아래층에서 기압이 낮은 위층에 운반될 때에는 **단열 팽창(斷熱膨脹)**에 의해서 외부에 대하여 일을 하므로 그 몫만큼 내부 에너지가 감소하여 온도가 내려가게 된다. 반대로, 공기 덩어리가 내려갈 때에는 **단열 압축(斷熱壓縮)**에 의해서 온도가 상승한다. 이러한 공기의 상하 운동에 의하여 상층은 냉각, 하층은 가열되는 결과로 잘 뒤섞인 대기에서는 위의 방향으로 온도 감소가 생긴다.

열역학의 제1법칙에 의해서 계산하면 온도가 감소하는 비율(기온 체감률이라고 한다)은 1km 오를 때마다 약 9.8°가 된다. 여기에 수증기가 응결할 때 나오는 응결열의 영향을 더하면 기온의 체감률은 1km당 약 6.5°쯤이 되어 관측값과 잘 일치한다.

만일, 이 기온 체감률이 어디까지나 계속되면 해면 온도는 약 288K(K는 절대 온도를 나타내며 섭씨 온도에 약 273°를 더한 것과 같다)이므로, 거의 44.3km의 높이에서 기온이 절대 영도가 되고, 그보다 위에는 대기가 존재할 수 없게 된다. 그런데 많은 자연 현상이 그보다 훨씬 높은 곳에서 일어나고 있다. 예를 들면, 유성이 대기 속으로 침입하여 대기 분자를 이온화하여 생기는 **유성운**(流星雲)은 80km보다 위에서 관측된다. 또한 여름에 고위도에서 80km 높이에 나타나는 야광운(夜光雲)의 존재는 그 높이에 수증기가 있다는 것을 말해 주고 있다.

대기가 45km보다 위의 높이에도 있다는 것은 지구 상층이 고온이고, 대기가 위쪽으로 팽창하고 있다는 것을 나타낸다. 이것을 확인하려고 프랑스의 기상학자 티스랑 드 보르(Teisserence de Bort)는 기구를 올려 기온 변화를 관측한 결과, 기온 체감은 11km 부근에서 멎고 그보다 위에서는 온도가 거의 일정하게 되는 것을 발견했다. 이렇게 기구에 실은 관측 기기에 의해서 성층권이 발견되었는데, 나중에 스위스의 물리학자 피카르는 1931년에 스스로 만든 큰 기구를 타고 인류로서는 처음으로 성층권에 들어가서 직접 성층권의 온도를 측정하여 마찬가지 결과를 얻었다.

실제로 대기의 평균 기온의 고도에 따른 분포는 그림 3에 보인 실선과 같다. 11km까지의 대기중에서는 상하의 대류 운동에 의하여 기온이 높이와 더불어 감소하고 있다. 이 영역은 **대류권**(對流圈)이라고 부르며, 구름의 발생이나 고·저기압의 발달 등의 기상 현상은 모두 이 영역에서 일어난다. 11km에서 50km까지의 영역은 오존에 의한 태양 자외선의 흡수로 대기가 데워지기 때문에 기온이 상승한다. 이 영역에서는 더운 공기가 찬 공기 위에 얹혀있기 때문에 대기는 열적(熱的)으로 안정하고 층 모양을 이루고 있으므로 **성층권**(成層圈)이라고 부른다. 실제로는 성층권 속에서는 기온

이 상승되고 있는데, 11km가 지나도 잠시는 기온이 상승하지 않고
등온(等溫) 상태가 계속되는 일이 있다. 성층권 관측 초기에 성층
권은 등온이라고 생각되었다. 지금도 중국에서는 성층권을 등온권
(等溫圈) 또는 동온권(同溫圈)이라고 부른다. 만일 성층권에 오존
이 없을 때에 온도 분포가 어떻게 되는가 하면 그림 3의 파선처럼
된다. 실선으로 나타낸 관측과의 차이에 따라 얼마나 성층권이 오
존에 의하여 가열되어 있는가 알 수 있다.

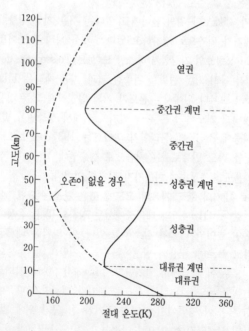

그림 3 평균 기온의 고도 분포와 각 영역의 이름, 파선은 오존층
이 없을 때에 예상되는 기온 분포를 나타냄.

기온이 감소로부터 증가로 바뀌는 높이는 대류권과 성층권 경계이며 **대류권 계면**(對流圈界面)이라고 부른다. 대류권 계면 높이는 위도에 따라 다르고 30°보다 저위도에서는 약 16km, 고위도에서는 8km이며 평균하여 약 11km가 된다. 그림 4에 자오면(위도와 고도를 포함하는 면)내의 온도 분포를 보였는데, 사선으로 보인 대류권 계면 위치가 중위도인 30°부근에서 불연속적으로 변화하고 있는 것을 볼 수 있다. 중위도에서의 이 계면의 틈새는 **대류권 계면의 틈**이라고 부른다.

성층권 속에서도 위의 영역과 아래 영역에서는 상당히 성질이 다르기 때문에 35km 이상을 상부 성층권, 25km 이하를 하부 성층권, 그 중간을 중부 성층권이라고 부르는 것이 편리하지만, 각 영역의 경계가 엄밀하게 정해진 것은 아니다.

2. 성층권보다 위의 대기
—중층 대기란 무엇인가?

성층권 위에도 소량이지만 대기가 있다는 것은 확실하다.

예를 들면, 극지(極地)에서 생기는 **오로라**(aurora)는 보통 100 km보다 높은 곳에서 관측된다. 단파(短波)의 원거리 전파에 중요한 구실을 하는 **이온층**(ion層 : 電離層)도 100km에서 수백km 높이에서 생성된다. 이들 현상은 지구 밖으로부터 침입되어 오는 태양 자외선이나 전하(電荷)를 띤 입자가 대기 분자(또는 원자)와 상호 작용을 하기 때문에 생기는 것이므로, 이들 현상이 생긴다는 것은 대기가 아주 높은 곳에까지 존재한다는 것을 말해 주고 있다.

성층권은 약 50km에 있는 **성층권 계면**에서 끝나고 거기에서 위에서는 오존이 적어지므로 가열이 줄고 온도가 다시 감소한다. 다

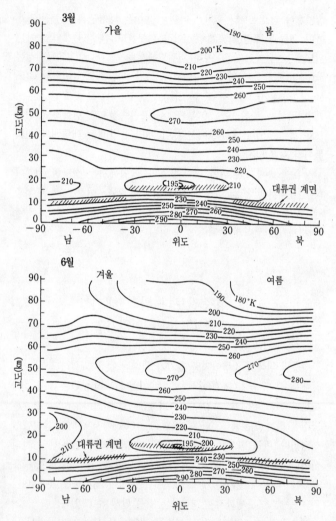

그림 4 평균 기온의 위도·고도에 따른 분포. 사선은 대류권 계면을 나타냄. 중위도에 계면의 균열이 있음.

시 80km보다 위가 되면 이번에는 산소 분자에 의한 태양 자외선의 흡수로 온도가 자꾸 상승한다. 이 영역은 **열권**(熱圈)이라고 부르며, 최종적으로는 1000K 이상의 고온에 이른다. 성층권 계면으로부터 온도가 가장 낮아지는 80km 부근까지를 **중간권**(中間圈)이라고 부르며, 중간권과 열권 경계로 기온이 가장 낮아지는 곳이 중간권 계면이다. 오존 문제가 일어나고 나서부터 성층권과 중간권을 총칭하여 새로이 **중층 대기**(中層大氣)라고 부르게 되었다. 그때까지는 기상학에서는 대기를 대류권을 주로 한 하층 대기와 그로부터 위의 상층 대기의 두 가지로 분류하고 있었다.

오존은 주로 성층권에 있는데 중간권에도 존재하며, 사실 이른바 오존 문제가 일어난 1960년대 후반까지는 중간권에서 관측되는 오존이 그 부근에 있는 여러 가지 분자·원자와 일으키는 상호 작용 연구에 많은 학자가 흥미를 가지고 있었다. 이 책에서는 물론 성층권 오존이 문제가 되는데, 성층권 대기는 아래의 대류권과 위의 중간권이 연관되어 있으므로 인접 영역과의 상호 작용도 무시할 수 없다.

3. 지구의 대기는 어떻게 생겼는가 ?
—대기를 구성하는 분자와 원자

지구는 태양이나 다른 행성과 같은 시기, 즉 약 46억 년 전에 원시 태양 성운(原始太陽星雲)을 형성하는 가스나 먼지의 응집에 의해서 형성되었다. 그러나 그때 생긴 대기 성분은 고온 때문에 입자의 자유 속도가 커져서 우주 공간에 날아가거나 강대한 태양풍(太陽風)에 날려 거의 전부가 없어졌다고 생각된다. 그뒤의 지구 대기는 주로 **화산 가스**로 땅속에서 분출된 것으로 주성분은 이산화탄소(CO_2), 질소 분자(N_2), 수소 분자(H_2)와 수증기 (H_2O)이며, 그

밖에 메탄(CH_4), 암모니아(NH_3), 황화수소(H_2S), 일산화탄소 (CO), 염화수소(HCl) 등이 함유되어 있었다. 이중에서 수소 가스 는 가볍기 때문에 우주 공간으로 빠져나가고, 수증기는 온도가 내 려감과 더불어 액화하여 땅속에서 스며나온 물과 함께 해양을 만 들고 그 속에 이산화탄소가 많이 녹아들었다. 바다가 없는 화성(火星)이나 금성(金星)에서는 대기의 대부분이 이산화탄소로 되어 있 다. 한편, 지구 대기중에서는 식물의 **광합성**(光合成)에 의해서 이산 화탄소와 수증기로부터 태양 광선의 작용으로 다량의 산소 분자(O_2) 가 생성되었다.

현재 지구 대기의 지표 부근에서의 성분은 표 1에 보인 것과 같 고 질소 분자(N_2)와 산소 분자(O_2)가 주요 성분이고 각각 4분의 3, 4분의 1을 차지한다. 그밖에는 아르곤(Ar), 이산화탄소(CO_2), 수증기(H_2O) 등이 있는데, 수증기의 양은 때와 장소에 따라 크게 변동된다.

표 1에서 분자량이라고 하는 것은 그 분자 또는 원자 1개의 무게 를 산소 원자(O)의 무게를 16으로 하여 잰 값이며 크립톤의 83.7 에서 수소 분자의 2까지 각 분자 또는 원자(다음부터는 단지 분자 라고 한다) 사이에 상당한 차이가 있다. 각 분자는 중력 작용을 받 기 때문에 무거운 분자가 아래로, 가벼운 분자가 위에 많이 존재하 게 될 터인데도, 실제로는 110km보다 아래 높이에서는 표 1에 있 는 성분비(成分比)가 그다지 변함이 없다. 이것은 대기를 뒤섞는 **맴돌이에 의한 혼합 작용**이 그 높이까지 유효하게 작용하고 있기 때 문이다.

'맴돌이에 의한 혼합'이라는 것은 앞에서 얘기한 '대류'와는 달리 더 소규모적인 맴돌이 모양의 '난류'에 의한 운동이며, 그러한 난류 가 상층 대기중에 있다는 것은 유성이 대기에 돌입한 때에 생기는 길쭉한 유성운(流星雲)에 맴돌이 모양의 흐트러짐이 있는 것에서 도 알 수 있다. 상층 대기중에 난류가 생기는 원인은 대기의 조석

| 성분 | 분자식 | 분자량 | 존재비율(%) | |
			용적비	중량비
질소 분자	N_2	28.01	78.088	75.527
산소 분자	O_2	32.00	20.949	23.143
아르곤	Ar	39.94	0.93	1.282
이산화탄소	CO_2	44.01	0.03	0.0456
일산화탄소	CO	28.01	1×10^{-5}	1×10^{-5}
네온	Ne	20.18	1.8×10^{-3}	1.25×10^{-3}
헬륨	He	4.00	5.24×10^{-4}	7.24×10^{-5}
메탄	CH_4	16.05	1.4×10^{-4}	7.25×10^{-4}
크립톤	Kr	83.7	1.14×10^{-4}	3.30×10^{-4}
일산화이질소	N_2O	44.02	5×10^{-5}	7.6×10^{-5}
수소 분자	H_2	2.02	5×10^{-6}	3.48×10^{-6}
오존	O_3	48.0	2×10^{-6}	3×10^{-6}
수증기	H_2O	18.02	부정(0.1−1.0)	부정

표 1 지면 부근의 대기 조성

(潮汐)이나 히말라야 등의 지형이나 큰 고·저기압 분포 때문에 생긴다. 지구를 둘러싸는 아주 긴 파장을 가진 지구 규모의 파동(**행성 파동**)이 상층으로 전파되어 가기 때문이라고 생각된다. 또한, 지구 대기의 조석은 바다 조석과는 달라 달의 인력에 의한다기보다는 태양의 열적 작용에 의한 주기 운동 쪽이 원인이 크다.

혼합 작용이 유효하게 작용하는 110km 부근 이하를 **난권(亂圈)**이라고 하며, 그보다 위 영역에서는 중력에 의한 분리가 이루어져서 가벼운 원자(이 높이에서는 분자는 해리되어 원자가 될 비율이 크다)가 많아진다. 실제로, 180km보다 위에서는 산소 분자가, 600km보다 위에서는 헬륨(He)이나 수소(H) 따위의 가벼운 원자가 더 많아진다.

4. 미량 성분은 어떻게 분포되어 있는가?
―광화학 평형과 수송의 영향

대기의 중요 성분인 질소 분자나 산소 분자 이외의 분자를 **미량 성분**(微量成分)이라고 부른다.

성층권 오존 및 그것에 관련이 있는 여러 가지 미량 성분의 100 km까지의 분포를 그림 5에 보였다. 그림 속에서 이산화탄소(CO_2), 메탄(CH_4), 일산화이질소〔N_2O, 속되게 소기(笑氣)라고 하여 마시면 웃음이 생긴다〕 등은 지표면으로부터 높이와 더불어 대체로 균일하게 감소되어 있어서, 그 감소 비율(곡선의 기울기)은 주성분인 질소 분자와 거의 같다. 그 이유는 이들 분자는 어느 높이에서도 주성분과의 비율(**혼합비**)이 거의 일정하다는 것을 말해 주고 있다.

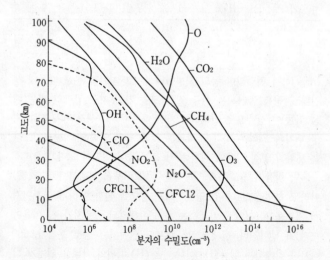

그림 5 미량 성분의 고도 분포.

이들 분자는 지면 부근에서 발생하여 광화학 반응이 늦기 때문에 반응이 일어나기 전에 혼합 작용이 유효하게 작용하여 충분히 뒤섞인 결과로 이렇게 혼합비가 어디에서나 일정하게 된다. 또한, 프레온(CFC11과 CFC12) 곡선이 CO_2 따위에 비해서 높은 곳에서 갑자기 감소가 심해져 있는데, 이것은 성층권에서 태양 자외선에 의해서 분해되어 소멸되고 있다는 것을 말해 준다.

그림 5에서 오존(O_3), 이산화질소(NO_2), 일산화수소(OH), 일산화염소(ClO) 등의 분포는 성층권 속에서 밀도가 커져 있다. 이들 분자는 성층권에서 생성되고, 더욱이 광화학적으로 활발하기 때문에 혼합 작용으로 뒤섞이기보다 먼저 광화학 반응으로 그 밀도가 결정되므로 혼합비가 일정한 분포는 되지 않는다.

일반적으로 광화학 반응으로 다른 분자로 변하는 속도가 빠를 때에는 그 분자 밀도는 그 반응이 일어나는 장소에서의 생성률과 소멸률이 균형되는 **광화학 평형** 조건으로 결정된다. 오존이 광화학 반응으로 변할 때의 시간 척도(시상수)는 그림 6에 보였다. '순산소 대기'라고 적은 곡선에서 보게 되는 것처럼 상부 성층권에서는 시상수가 '1일 이하'에서 '시간' 정도로 짧기 때문에 오존 밀도는 광화학 평형의 조건으로 결정된다. 그림 6 속의 왼쪽 곡선은 주요 성분에 다른 미량 성분의 화학이 더해진 경우이고, 일반적으로 미량 성분이 들어가면 화학 반응이 빨라져서 시상수가 작아진다. 고위도와 저위도의 차이는 수증기의 양이 다르기 때문에 생긴다.

이에 대해서 반응 속도가 느린 분자는 그것이 생성되고 나서 소멸될 때까지의 긴 시간 동안에 운동에 의해서 멀리 운반되므로, 그 밀도는 국지적인 화학 평형으로는 결정되지 않는다. 그 결정에는 운동 효과가 중요한 작용을 한다.

같은 분자라도 높이에 따라서 화학 반응이 중요하게 되었다가 운동 영향이 중요하게 되기도 한다. 예를 들면, 앞에서 얘기한 것처럼 상부 성층권의 오존 밀도는 광화학 반응으로 결정되는데, 하부

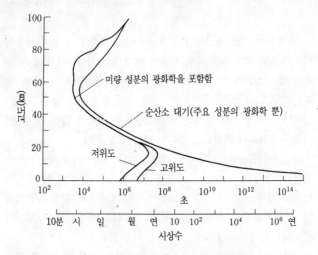

그림 6 광화학 반응에 의한 오존 변화의 시상수.

성층권이나 대류권에서는 오존의 반응 속도가 아주 늦어지므로 운동 효과 쪽이 웃돈다. 그림 6에서 볼 수 있는 것과 같이 20km 부근의 오존의 광화학 반응에 의한 시상수는 거의 1년이고, 그보다 아래에서는 미량 성분의 영향을 포함해서도 몇 년이라는 긴 시상수가 된다. 이때문에 이 영역의 오존 밀도 결정에는 운동 효과가 중요한 구실을 하고 있다.

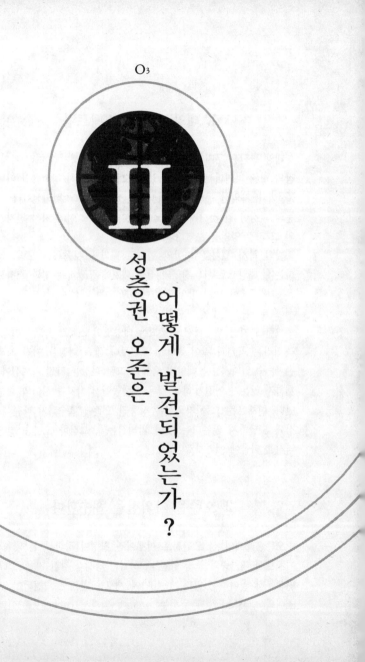

II

어떻게 발견되었는가?

성층권 오존은

1. 태양 광선의 스펙트럼

태양 광선은 무지개의 빛깔에서 볼 수 있는 것처럼 여러 가지 파장의 빛(전자기파)으로 되어 있다. 그중에는 가시 광선뿐만 아니라 X선이나 자외선 등의 파장이 짧은 것에서 부터 적외선이나 전파 등의 파장이 긴 것까지 포함되어 있다. 표 2에 여러 가지 전자기파와 그 파장 영역을 보였다.

빛의 복사 세기를 파장의 함수로 나타낸 것을 스펙트럼이라고 하는데, 태양으로부터 지구의 상층 대기에 도달하는 빛의 스펙트럼은 그림 7에서 '대기 밖의 관측'이라고 하는 곡선과 같이 되어 있어서 모든 파장의 빛을 포함한다.

그런데 지면 부근에서 관측되는 태양빛의 스펙트럼에는 '지상 관측'이라는 곡선과 같이 300nm 부근보다 짧은 파장을 가진 자외선은 볼 수 없다. '정말 태양빛 속에는 그런 파장을 가진 자외선이 존재하지 않는가 어떤가'하는 것은 오랫동안 과학자들 사이의 의문이었다. 현재로는 그들 자외선은 성층권 오존에 흡수되기 때문에 지상에 도달하지 않는다는 것이 밝혀졌는데, 그러한 오존층 발견의 역사를 다음에 얘기하겠다.

2. 오존은 자외선을 흡수한다

오존은 3개의 산소 원자로 이루어진 활성이 강한 푸른 빛을 띤 기체로서 대기중의 불꽃 방전 때 생기는 냄새가 강한 기체로 1785년쯤부터 알려져 있었다. 1840년에 새로운 분자로 확인되어 그리스어의 냄새(odor)를 뜻하는 ozein에 따라서 ozone(오존)이라는

복사의 이름	파장 영역 (cm)	여러 가지 단위
감마선	$<10^{-8}$	<1 Å
X선	$10^{-8}-10^{-6}$	$1-100$ Å
극자외선(EUV)	$10^{-7}-10^{-5}$	$10-1000$ Å
자외선(UV)	$10^{-6}-3.8\times10^{-5}$	$10-380$nm
가시 광선	$3.8\times10^{-5}-8.1\times10^{-5}$	$380-810$nm
근적외선	$8.1\times10^{-5}-10^{-4}$	$0.81-1\mu m$
적외선 (IR)	$10^{-4}-2\times10^{-3}$	$1-20\mu m$
원적외선	$2\times10^{-3}-10^{-2}$	$0.02-0.1$mm
마이크로파	$10^{-2}-10^{3}$	0.1mm-10m
전파	$>10^{3}$	>10m

Å(옹스트롬)$=10^{-8}$cm, nm(나노미터)$=10^{-7}$cm, μm(마이크로미터)$=10^{-4}$cm, mm(밀리미터)$=10^{-1}$cm, m(미터)$=10^{2}$cm

표 2 전자기파의 이름과 파장 영역

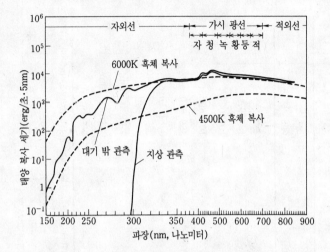

그림 7 지상과 대기 밖에서 관측된 태양 광선의 스펙트럼 비교. 6000K 및 4500K의 흑체 복사도 나타나 있음.

이름이 붙여졌다. 그리고 1874년에 브로디(B. Brodie)에 의해서 O_3이라는 분자 구조가 밝혀졌다.

오존이 여러 가지 파장의 빛을 흡수한다는 것은 많은 연구자에 의한 실험으로 차츰 알려졌다.

처음에 프랑스의 물리학자 차퓌스(Chappuis)가 1880년에 450nm에서 800nm사이의 가시 광선이 오존에 의해서 흡수되는 것이 발견되었다. 그 직후인 1881년에 아일랜드의 화학자 하틀리(Hartley)가 300nm보다 짧은 파장을 가진 자외선이 오존에 강하게 흡수되는 것을 발견하였다. 다시 영국의 천문학자 허긴스(Huggins)는 1896년에 시리우스별(Sirius星)에서 오는 빛의 분광 사진으로 300nm에서 340nm에 걸쳐서도 오존의 흡수가 있다는 것을 발견하였다. 이렇게 여러 나라의 전문 분야가 다른 연구자들이 앞을 다투어 오존의 **띠흡수**(특정한 파장 영역에 있어서의 흡수) 발견에 관여하였다는 것은 최근의 오존층 연구에 있어서의 국제적 및 학제적(學際的) 경향을 암시하고 있는 것 같아서 흥미 깊다.

오존의 띠흡수는 그림 8에 보인 것처럼 각 발견자의 이름을 붙여 **차퓌스 띠흡수, 하틀리 띠흡수, 허긴스 띠흡수** 따위로 부른다. 그림 8에는 각 띠흡수의 흡수 세기를 나타내는 **흡수 단면적**의 스펙트럼을 보였다. 분자의 흡수 단면적은 빛이 그 분자층을 어느 정도의 깊이까지 통과할 수 있는가를 결정하는 중요한 양이며, 통과한 분자 총량에 흡수 단면적을 곱한 값(**광학적 깊이**라고 부른다)이 1이 되는데까지 빛은 대부분 흡수되어 거기에서 아래 높이에서는 그 세기가 갑자기 감소하기 때문에 그 파장을 가진 빛은 사실상 거기까지밖에는 통과하지 못한다. 그 높이를 그 파장을 가진 빛의 **침입 고도**(浸入高度)라고 부르기로 하자.

그림 8의 위쪽 끝 가로축에는 각 파장의 태양 광선이 대기에 수직으로 입사했을 때의 침입 고도가 나타나 있다. 예를 들면, 오존의 띠흡수 중 260nm 부근에 흡수 단면적의 극대를 가지는 하틀리 띠흡수의 흡수 단면적은 특히 큰데, 이 그림에서 300nm부근의 자외선은 30km 근방보다 아래로는 들어가지 못한다는 것을 알 수 있다.

그림 8에는 또한 산소 분자(O_2)의 흡수 단면적도 보였다.

산소 분자의 흡수는 100km보다 위의 열권에서 일어나는 **슈만-룽게 연속 흡수**가 특히 강해서 열권이 고온이 되는 원인이 되고 있다. 성층권에서의 산소 분자의 흡수는 주로 200nm에서 240nm의 파장을 가진 **헤르츠베르그 띠흡수**에서 일어나며 그 높이는 35km보다 위이다.

헤르츠베르그 띠흡수의 흡수 단면적은 $10^{-24}cm^2$ 정도로 아주 작지만 대기중에는 산소 분자가 많이 있으므로 35km보다 위의 산소 분자량이 마침 $10^{24}cm^{-2}$쯤 되어 광학적 깊이가 1이 된다. 그러므로 산소 분자는 35km보다 위의 성층권에서 헤르츠베르그 띠흡수의 흡

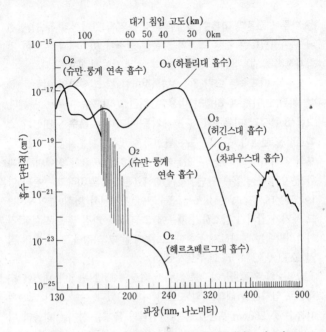

그림 8 오존(O_3)과 산소 분자(O_2)의 흡수 단면적 스펙트럼.

수에 의해서 2개의 산소 원자(O)로 분해되어 많은 산소 원자가 만들어진다.

이 산소 원자로부터 오존이 생성되는데 그에 대해서는 다음 장에서 자세히 얘기하겠다.

3. 오존층과 하틀리의 예언

하틀리는 실내 실험으로 240nm에서 300nm 사이의 자외선이 오존에 강하게 흡수되는 것을 발견했다. 그리고 다른 한편에서 지상에서 관측되는 태양빛에 300nm보다 짧은 파장을 가진 자외선이 없는 것에 주목하여, 그는 이들 없어진 자외선은 대기 상공에 있는 오존에 흡수되어 지상에 도달하지 않는다고 생각하였다. 그리고 대기 상공에는 많은 오존이 틀림없이 있다고 오존층의 존재를 예언했다.

하틀리가 대기 상층에 오존층이 있다고 예언한 것은 1881년의 일이었다. 그것은 티스랑 드 보르가 온도 분포 측정으로부터 성층권을 발견한 1902년보다 20년 남짓 전의 일이었다. 상층 대기중에 오존이 생성되고 있다는 것은 이론적으로 영국(나중에 미국에 이주)의 물리학자 시드니 채프먼(S.Chapman)이 생각해 냈고, 1930년에 파리의 국제 회의에서 발표되었다.

채프먼의 이론에 대해서는 다음 장에서 얘기하겠지만, 그 이론과 하틀리의 예언과 더불어 성층권에 오존이 있다는 것은 당시의 학자 사이에서는 상식이 되어 있었다. 그러나, 그 실재가 상층에서의 태양 스펙트럼 관측에 의해서 확인될 때까지는 채프먼 이론에서 10수년, 하틀리 예언에서 헤아리면 실로 60년 남짓한 세월이 필요했다.

4. 로켓 관측에 의한 증명

하틀리의 예언이 옳다면 빛 따위의 전자기파를 스펙트럼으로 나눠서 조사하는 **분광계**(分光計)를 기구에 싣고 상공에서 태양빛의 스펙트럼을 측정하면, 없어진 300nm 이하의 자외선을 볼 수 있을 것이었다. 그러한 기대를 가지고 기구에 의한 실험이 몇 번이나 되풀이되었는데 여간해서 그러한 단파장을 가진 자외선을 태양빛 속에서 찾아내는데는 성공하지 못했다. 지금 생각해 보니 그 당시의

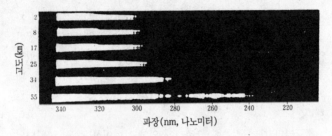

그림 9 로켓에 의해서 여러 가지 높이에서 측정된 태양 광선의 스펙트럼 사진(1946년).

기구가 도달할 수 있는 고도가 충분히 높지 않았던 것이 원인이었는데, 1940년대 후반이 되어 로켓에 의해서 30km보다 높은 곳에 관측기를 올려보내서 태양빛의 관측을 할 수 있게 되자 겨우 그 문제가 해결되었다.

그림 9는 로켓을 사용하여 대기중의 여러 높이에서 측정한 태양빛의 스펙트럼을 보인 것인데, 고도가 올라가서 특히 30km보다 위에서는 사진에 찍히는 파장 영역이 넓어지고 55km가 되면 240nm 이하의 파장까지 관측된다는 것을 알게 된다.

제2차 세계 대전이 끝나고 얼마 안되어 이러한 스펙트럼 사진이 로켓에 의해서 찍을 수 있었던 것은 그 당시의 많은 과학자를 흥분시키기에 충분한 사건이었다. 이로써 지구 상공의 대기중에 오존층이 있다는 것이 증명되었다.

로켓 관측으로 오존층의 존재가 확인되었을 때, 물론 하틀리는 이 세상에 없었으나, 만일 그가 생존하고 있었으면 틀림없이 노벨상을 받았을 것이다. 100km보다 위의 대기중에 있는 이온층을 1925년에 발견한 공적에 의해서 영국의 애플턴(E. Appleton)은 1947년에 노벨상을 받고 서(Sir)의 칭호를 얻었다.

O₃

III

성층권 오존층은 어떻게 생기는가?

1. 채프먼의 오존층 생성론
─순산소 대기의 이론

1932년에 영국의 채프먼(Sydney Chapmen)은 산소만으로 되어 있는 대기(순산소 대기)중에서 오존이 생성되는 짜임을 생각하여 그에 관한 논문을 발표했다.

그 논문에 의하면, 대기중에는 많은 산소 분자가 있는데, 성층권에서 그 산소 분자가 태양 자외선을 흡수하여 2개의 산소 분자로 분해된다. 일반적으로 분자가 그 구성 요소인 원자나 분자로 분해하는 작용을 **해리(解離)**라고 한다.

빛에너지에 의하여 해리가 일어나는 경우는 **광해리(光解離)**라고 한다. 산소 분자가 해리되어 2개의 산소 원자가 되는데는 5.12eV 이상의 에너지가 필요하다. 태양 광선 중에서 그런 에너지를 가지고 있는 것은 240nm보다 짧은 파장을 가진 자외선이다.

산소 분자(O_2)가 240nm보다 짧은 파장을 가진 자외선으로 해리되어 산소 원자(O)가 생기는 반응은 화학식 1의 맨 위에 보였다. 이 해리 반응을 J_1기호로 나타내기로 하면 오존(O_3)은 J_1반응으로 생긴 산소 원자가 산소 분자와 결합하여 생성된다. 이것은 두번째식 R_1로 보였다. R_1반응에 있는 M은 화학 반응 진행에 있어서 운동 에너지나 운동량의 과부족 균형을 잡고 반응이 일어나기 쉽게 하는 것이며, 대기중에서는 가장 많이 존재하는 질소 분자가 주로 이 구실을 한다.

240nm보다 짧은 파장을 가진 태양 자외선의 침입 고도는 그림 8에 의하면 35km 부근의 상부 성층권이므로 J_1에 의한 산소 분자의 해리는 주로 35km보다 위에서 일어난다. 따라서 산소 원자의 생성은 주로 이 높이보다 위에서 이루어지고 산소 원자의 밀도는 위

$$J_1 \qquad O_2 + \text{태양 자외선} \rightarrow O + O$$
$$\text{(파장} < 240\text{nm)}$$

$$R_1 \qquad O + O_2 + M \rightarrow O_3 + M$$

$$J_2 \qquad O_3 + \text{태양 자외선} \rightarrow O + O_2$$
$$\text{(파장} < 320\text{nm)}$$

$$R_2 \qquad O + O_3 \rightarrow 2O_2$$

화학식 1 순산소 대기 중의 채프먼의 오존 생성 반응.

로 갈수록 커진다(그림 5 참조). 이에 대해서 산소 분자는 아래로 갈수록 많이 존재한다. 오존 생성은 위로 갈수록 많은 산소 원자와 아래일수록 많은 산소 분자의 반응으로 생기므로 도중의 어느 높이에서 극대를 가지게 된다. 그것이 성층권에 오존 밀도의 극대가 있는 '오존층'이 생기는 이유이다.

다음에 오존의 소멸에 대해서 생각해 보자.

먼저, 자외선 흡수에 의하여 오존이 산소 원자와 산소 분자로 분해한다고 생각된다. 이 해리는 320nm보다 짧은 파장에서 일어나며 화학식 1의 세번째에 J_2로 보였다. 그러나 J_2는 실질적으로 오존을 소멸시키는 반응은 아니다. 왜냐하면 J_2로 생긴 산소 원자로부터는 R_1반응으로 금방 오존이 생기기 때문이다. R_1과 J_2는 모두 빠른 반응이며 산소 원자와 오존은 이 두 반응으로 끊임없이 한쪽에서 다른 쪽으로 옮겨 가서 평형을 유지하고 있다. 즉, 산소 원자와 오존은 어느 한쪽이 생기면 금방 이 두 반응이 평형되게 다른 쪽 분자가 생성되는 관계에 있다. 이렇게 산소 원자와 오존은 불가분하므로 둘을 묶어서 **홀수 산소**라고 부른다.

J_2가 오존을 소멸하지 않는다고 하면, 실질적으로 오존을 소멸시키는 반응은 무엇인가 하게 된다. 그것은 홀수 산소끼리의 반응, 즉 산소 원자와 오존의 반응 R_2이며, 이것에 의해서 2개의 산소 분자가 생성된다. 회학식 1에 보인 네 가지 반응은 성층권 오존 생성에 관한 **채프먼 반응** 또는 **채프먼 기구**라고 부른다. 이들 반응을 고려하여 오존 밀도를 계산하면 43쪽의 그림 10에서 채프먼 이론이라고 한 오존 분포가 얻어진다.

2. 이론과 관측 결과가 일치하지 않는다?
─미량 성분의 영향과 운동의 효과

오존층의 실제 관측 방법에 대해서는 다음 장에서 자세히 설명하겠지만, 여기에서는 간단하게 채프먼 이론으로 계산된 오존 분포와 관측 결과를 비교해 보자.

그림 10에서 수평의 짧은 가로선은 중위도에서 관측된 각 고도의 오존 밀도 범위를 보인다. 채프먼 이론으로 계산된 오존 밀도 분포의 모양은 20km에서 30km 부근에 극대를 가지는 등 대체로 이 관측 결과의 특징과 일치한다. 첫째로 극대 높이보다 위의 영역, 즉 25km 부근보다 위에서는 이론값은 관측값의 거의 2배보다 크고, 극대가 일어나는 높이도 관측값 쪽이 낮다. 또한 극대보다 아래 높이에서는 관측값이 거의 같은 값을 유지하고 있는데 대해서 이론값은 갑자기 작아지고 있다.

채프먼 이론이 발표되었을 때에는 충분한 관측 데이터가 없었으므로 이러한 차이가 존재하는 것이 밝혀지지 않았다. 그리고 이론은 오존층이 30km부근의 성층권에 존재하는 것을 대략 만족스럽게 설명할 수 있었다고 하고, 그뒤의 30년 동안 그 이상 그다지 성층

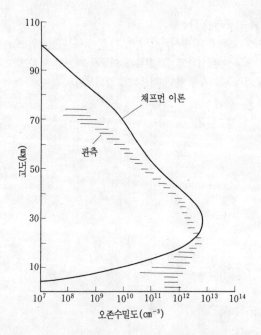

그림 10 채프먼 이론으로 계산된 오존 밀도 분포와 관측의 비교

권의 오존 분포에 대해서 논의되는 일은 적었다.

그러나, 이러한 두 가지 차이가 생기는 원인을 추구해 가면, 현재 우리가 관심을 가지고 있는 두 가지 중요한 성층권 오존 문제에 이르는 실마리가 얻어진다. 즉, 중부 및 상부 성층권에서 채프먼 이론으로 계산된 오존 밀도가 관측값보다 2배나 큰 이유를 추구해 가면, 자연계의 질소 산화물 등의 미량 성분에서 오는 영향에서 프레온 등의 인공적인 미량 성분의 영향으로 문제가 발전한다. 다시 하부 성층권과 대류권에서의 오존 분포가 채프먼 이론과 뚜렷이 다른 이유를 추구해 가면 대기 운동의 영향에서 기상이나 기후에의 영향이라는 문제가 나온다.

이 이상 논의를 진행시키기 전에 다음 장에서 성층권 오존층의 관측에 대해서 해설하고 그 결과가 어떻게 채프먼 이론에서 기대되는 분포와 다른가를 좀더 자세하게 알아보기로 하자.

IV

성층권 오존층은   어떻게 관측하는가?

1. 오존 전량의 관측

1a 도브슨의 분광계

오존층 관측을 처음 실시한 것은 프랑스의 파브리(Charles Fabry)와 그 공동 연구자 부아송(Buisson)이며, 제1차 세계 대전 (1914~18) 후에 분광 사진기를 사용하여 300nm 전후의 태양 자외선을 측정하여 오존층의 두께를 구했다. 그러나 간편하고 다루기 쉽고, 더우기 정밀도가 높은 분광계를 발명하여 이 분야에서 중요한 공헌을 한 것은 영국의 천문학자 고든 도브슨(Gordon Miller Boume Dobson)이다. 그는 유성을 관측하다가 대기 분자의 이온화에 의해서 생기는 유성운이 80km보다 위의 높은 곳에 생기는데서 대기 온도가 상공에서 고온이 되어야 한다고 생각했다. 그 고온의 원인이 오존에 의한 태양 자외선 흡수에 있다고 생각하고 그는 오존층의 관측에 흥미를 가졌다.

오늘날, **도브슨 분광계**로 널리 사용하고 있는 성층권 오존의 관측 장치는 그가 1924년에 개발한 것이다. 그 방법은 2개의 근접된 파장을 하나는 오존의 흡수를 강하게 받는 곳에, 다른 하나는 그다지 흡수를 받지 않는 곳을 골라서 지상에 두고 태양빛의 강도를 측정하는 것이다. 두 관측값의 차이에서 관측점과 태양 사이에 존재하는 오존의 전량(全量)을 계산할 수 있다.

도브슨 분광계 사진은 권두에 실은 컬러 사진에서 보였는데, 측정기의 온도 변동을 막기 위한 것과 빛을 받아들이는 입구 이외에 빛이 닿지 않게 하기 위하여 두꺼운 천의 덮개가 붙어 있다.

도브슨 분광계의 실제 구조를 그림으로 보이면 그림 11과 같다. 그림 위쪽의 화살표가 있는 곳으로부터 g창을 통하여 들어온 태양 빛은 j의 반사 프리즘으로 반사되어 h의 슬릿, i의 수정 플레이트를

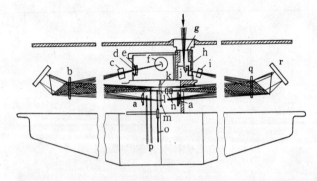

그림 11 도브슨 분광계의 구조

지나서 q의 수정 프리즘으로 여러 가지 파장의 빛으로 분해된다. 오존의 흡수를 받는 것과 받지 않는 것의 두 파장의 빛이 각각 k와 l의 슬릿을 통과하게 하여 그것들을 다시 c의 플레이트, d의 슬릿, e의 렌즈를 통과시켜 f의 광전자 배증관에 넣는다. 두 파장의 빛에 세기의 차가 있으면 전류가 흐르게 되어 있으므로 전류가 흐르지 않도록 n의 광학 쐐기의 위치를 조절한다. 그 쐐기 눈금으로부터 자외선 흡수에 관계되는 오존량을 계산할 수 있게 되는 것이다.

이 방법에서는 오존층에 들어가기 전의 대기 위에서는 빛의 복사 세기가 거의 같아지도록 두 파장을 가급적 가깝게 선정하는 것이 중요하다. 표 3에 보통 도브슨 분광계에서 사용되는 파장의 쌍을 보였다. 그림 11 속의 o는 몇 개 있는 2개의 파장의 짝(A, B, C, D) 중에서 적당한 짝을 골라 전환하기 위한 것이다.

그림 12의 사진은 쓰쿠바(筑波)의 고층 기상대에서 실제로 도브슨 분광계를 사용하여 성층권 오존 관측을 하고 있는 모습을 보여주고 있다.

도브슨 분광계는 정밀도의 통일을 꾀할 필요가 있기 때문에 세계 각지에서 영국의 어링 베크사에서 만든 것을 사용하고 있다.

	λ_1	λ_2
A	325.4nm	305.5nm
B	329.1	308.8
C	332.4	311.4
D	339.8	317.8

표 3 도브슨 분광계에서 사용되는 2개의 파장쌍.

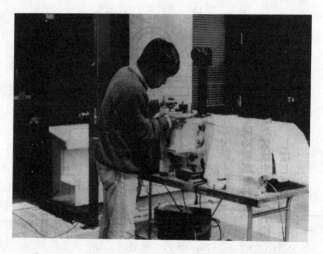

그림 12 도브슨 분광계에 의한 성층권 오존의 관측 풍경[고층기
상대·히로다(廣田道天)씨 제공].

1대에 2000만엔(円)이나 하는 값비싼 것인데, 최근에 외화를 줄이
는 일련의 조치로서 일본 기상청이 한번에 5대나 구입하여 외국의
관계자를 놀라게 했다. 기상청에서는 이들 도브슨 분광계를 국내는

물론 남극에도 배치하여 정밀도가 높은 관측을 계획하고 있다.

1b 필터를 사용하는 방법

도브슨 분광계는 장치가 복잡하고 수정 프리즘 등의 비싼 것을 사용하고 있다. 이에 대해서 필터를 사용하여 희망하는 파장을 가진 빛을 꺼내는 방법은 조작이 간단하고 경비도 적어도 된다.

그림 13은 기구에 싣는 필터계의 한 예를 보인 것이다. a는 '무광택'을 시행한 캡슐이며, 태양빛이 어느 방향으로 와도 이에 부딪쳐서 산란광이 생기고, 그 산란광이 측정기에 곧바로 들어오게 된

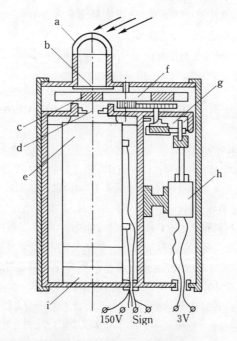

150V Sign 3V

그림 13 필터법에 의한 오존층 관측 장치의 구조.

다. b의 필터로 넓은 범위의 자외선을 통과시킨 다음에 c로 다시 특정한 파장의 자외선만을 통과시켜 e의 광전자 배증관(光電子倍 增管)에 넣는다. c의 필터가 달린 원반은 h의 모터로 회전하여 차 례차례 다른 필터가 자외선 통로에 놓이게 된다.

필터법에 의한 오존 관측은 소련을 비롯하여 동유럽 여러 나라 에서 사용되고 있다. 일반적으로 필터는 상당히 넓은 범위의 파장 을 가진 빛을 통과하므로 분광계에 비해서 파장의 분해능이 나쁘 고, 또한 측정 결과는 일기의 영향을 받기 쉽고 태양의 입사각(入 射角)이 큰 때는 특히 정밀도가 나빠지는 등의 결점이 있다. 이때 문에 미리 여러 가지 조건 아래에서 도브슨계와 동시 관측을 실시 하여 올바르게 보정(補正)할 수 있게 할 필요가 있다.

또 필터법은 기구나 로켓에 측정기를 싣고 상층 대기중의 여러 가지 미량 분자의 관측을 할 때에도 흔히 사용되고 있다.

2. 오존 밀도의 고도 분포를 구하려면……

2a 괴츠의 반전법

지금까지 얘기한 방법으로는 대기의 전고도에 있는 오존 전량은 알 수 있는데, 오존층이 어느 고도에 있는가는 알 수 없다. 도브슨 계를 사용하여 그러한 관측 방법을 고안해 낸 것은 스위스의 생물 학자 괴츠(F.W.P. Götz)이다. 그는 병자의 피부 조직이 태양 빛이나 날씨에 어떻게 반응하는가 조사하다가, 당시 학회에 서 화제가 되고 있던 상공의 오존층 변화가 관계할지도 모른 다고 생각하여 그 관측에 흥미를 가지게 되었다.

괴츠는 1921년에 세계에서 처음으로 오존층 관측소를 스위스 동부의 풍광명미한 알로사에 개설하였다. 개설 이래 연속하여 실시 되고 있는 관측 결과는 귀중한 연구 자료를 제공하고 있다. 일본에

서는 알로사보다 1년 전인 1920년에 이바라키현(茨城縣) 다테노
(館野:현재의 쓰쿠바학원 도시 안)에 기상청의 고층 기상대가 설
치되어 기구에 의한 성층권의 기온·기압·바람 등의 측정이 시작되
었는데, 오존의 정기적 관측이 실시된 것은 1955년 이후의 일이다.

괴츠의 방법은 도브슨계를 태양 방향이 아니고 천정(天頂)방향
으로 향하게 하고 관측을 실시한다. 이 경우에 비스듬한 방향으로
부터 입사한 태양 광선은 대기중에 있는 공기 분자에 부딪쳐서 산
란되어 곧바로 위로부터 도브슨계로 들어온다. 이 방법으로 태양
광선이 대기로 입사하는 각도(태양 천정각)가 시간과 더불어 변하
면 두 개의 파장을 가진 빛이 산란되는 높이가 태양 천정각(太陽天
頂角)과 더불어 변하여 오존층 위가 되거나 아래가 되기도 한다.
따라서 두 파장의 빛이 오존층을 통과하여 흡수를 받는 비율도 복
잡하게 변화한다. 그 때문에 두 파장으로 관측된 복사 강도의 비는
태양 천정각에 의하여 그림 14에 보인 것처럼 변화한다. 이 곡선이
증가에서 감소로 반전하는 위치는 선정한 파장의 쌍(A, B, D 등)
의 다른 오존층 높이에 의존하므로 이 반전 위치로부터 오존
층 높이를 알 수 있다.

이렇게 괴츠의 방법은 그림 14의 곡선 모양이 천정각이 큰
곳에서 반전하고 있으므로 반전법(反轉法)이라고도 부른다. 이 방
법을 이용하여 오존 밀도가 극대가 되는 높이뿐만 아니고 특정 높
이의 오존 밀도를 산출하거나 오존 밀도의 고도 분포를 구할 수도
있다. 뒤에서 설명하는 것처럼 40km부근의 상부 성층권의 오존 밀
도는 프레온 문제에서는 중요하므로, 특정 높이의 오존 밀도를 측
정할 수 있는 이 괴츠의 방법은 아주 유용하다.

2b 기구에 의한 관측(오존 존데)
—전기 화학법과 화학 형광법

오존 밀도의 고도 분포를 구하는 가장 직접적인 방법은 기구에

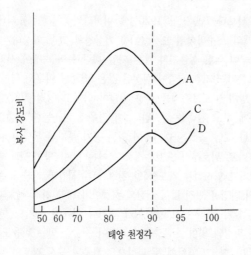

그림 14 괴츠의 반전 곡선.

측정기를 싣고 직접 그 장소의 오존 밀도를 측정하는 것이다. 그것
에는 전기 화학법과 화학 형광법이 있다.

전기 화학법은 요오드-칼륨(KI) 용액이 든 용기에 전극을 꽂은
것인데, 요오드-칼륨과 오존의 반응으로 요오드 분자(I_2)가 생기고
그것이 음극 속의 전자와 작용하여 생기는 음이온이 양극에 운반
되어 전류를 흐르게 하게 된다. 이 전류량을 라디오 존데의 회선에
싣고 지상에서 관측하면 오존 밀도를 계산할 수 있다.

화학 형광(化學 螢光)이라는 것은 화학 반응에 의하여 바닥 상태
로부터 에너지가 높은 상태로 들뜨게 된 원자나 분자가 바닥 상태
로 되돌아 갈 때 발생되는 열이 동반하지 않는 발광이며, 오존의
화학 형광법에 의한 측정에는 루미놀(luminol)이나 로다민(rhoda-
mine)이 오존과 반응하여 들뜨게 되는 것을 이용한다. 전기 화학법
이나 화학형광법은 야간 태양광이 없을 때라도 오존 밀도를 측정

그림 15 기구에 의하여 성층권의 기상 요소를 측정함[고층 기상
대·스즈키(鈴木恒雄)씨 제공].

할 수 있는 이점이 있다.

그림 15의 사진은 쓰쿠바의 고층 기상대에서 기구를 띄워 성층
권의 기압, 기온 및 오존 밀도를 측정하는 모습을 찍은 것이며, 측
정 결과는 무선으로 지상으로 전송(電送)된다. 이렇게 작은 측정기
를 기구에 실어 띄우고 고공의 기상 요소를 측정하여 그 결과를 전
파로 지상에 보내는 측정기 한 벌을 라디오 존데라고 부른다.

3. 인공 위성으로부터의 관측

인공 위성을 사용하는 관측에는 여러 가지 장점이 있다. 인공 위성은 거의 1시간 반으로 지구를 일주하므로 단시간에 광범위에 걸친 오존 분포를 측정할 수 있고, 특히 대양 위나 극지방 등 지상에 관측소를 설치하기 어려운 장소라도 쉽게 관측할 수 있다. 또한 연속적으로 관측할 수 있으므로 갑자기 오존층에 변화가 일어나는 경우라도 그것을 감시할 수 있다.

가장 보통으로 사용되고 있는 방법은 태양 광선이 인공 위성보다 아래에 있는 대기 분자에 의하여 반사·산란되어 되돌아 오는 것을 인공 위성에서 측정하여 그 결과를 텔레미터(telemeter)로 지상으로 보내오는 방법이다. 이 방법은 **후방 산란 자외선법**(BUV

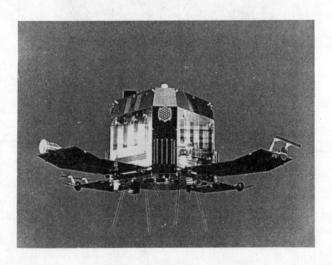

그림 16 일본의 인공위성 '오오조라(大空)' (우주 과학 연구소 제공).

법)이라고 부른다. 보통 BUV법에서 사용되는 파장은 250nm에서 340nm의 것이며 각 파장의 빛이 산란되는 높이는 대략 정해져 있다. 320nm에 가까운 빛을 사용하면 오존층 전부를 뚫고 나가서 대류권(對流圈) 또는 지표로 부터 되돌아 오므로 오존 전량의 관측도 가능하지만, 30km 이하의 밀도가 높은 대기에서는 한번 산란된 빛이 다시 다른 대기 분자에 의하여 산란되는 **다량 산란**(多量散亂)이 일어나므로 계산이 까다롭게 됨과 동시에 정밀도도 나빠진다. 또한 50km보다 위에서는 대기 분자가 적어지므로 산란광이 약해지며 오존 밀도 산출에 대한 정밀도가 나빠진다.

NASA의 님버스4라는 인공 위성으로 1970년부터 BUV관측을 하고 있었는데, 1978년 11월부터는 님버스7에 인계되었다. 님버스7에는 위성으로부터 인위적으로 자외선을 발사하여 그것이 지표면에서 후방 산란되는 것을 측정하여 오존 전량을 구하는 TOMS라는 장치도 사용되고 있다.

일본에서는 1984년 3월부터 그림 16에 보인 '오오조라(大空)'라는 인공 위성으로 BUV에 의한 오존층 관측이 실시되고 있다. 또 그림 17의 사진은 '오오조라'에 탑재된 BUV측정기이다.

4. 지표로부터의 라이더 관측

최근, 대기 오염 입자나 성층권의 에어로졸 미립자를 원격 측정(remote sensing)하는 편리한 방법으로서 레이저 광선을 레이더처럼 사용하는 방법이 각 방면에서 이용되고 있다. 이것은 라이더(lidar)라고도 부르는데, 이 방법으로 오존층을 관측할 때에는 야간이라도 관측할 수 있다.

보통 라이더에 사용되는 파장은 320nm보다 길기 때문에 오존의 흡수를 받지 않는데, 예를 들면 색소 레이저에 사용되는 589nm파

그림 17 '오오조라(大空)'에 탑재된 BUV 성층권 오존 측정 장치
(우주 과학 연구소 제공).

의 제2고조파(294.5nm)를 사용하면 오존의 흡수를 받게 된다. 그
러므로 이들 빛이 성층권의 에어로졸에서 반사 또는 산란되어 오
는 것을 레이더 관측할 때, 오존에 의한 흡수량을 측정할 수 있게
된다.

라이더에 의한 성층권 오존 관측은 쓰쿠바의 기상 연구소나 공
해연구소 등에서 실시되고 있다.

최근, 공해 연구소에서는 다파장의 레이저광 발생 장치를 개발하
여 오존의 흡수를 받는 파장과 받지 않는 파장의 두 가지 레이저광
을 사용하는 라이더법에 의한 관측이 실시되고 있다. 1.5km에서
15km까지(저고도용)와 그 이상 50km까지(고고도용)의 두 영역으로
나눠서 별개의 장치로 관측하게 되어 있어서 전체를 통하여 거의

그림 18 성층권에서 되돌아오는 레이저광을 포착하기 위한 고고
도용의 지름 2m인 수광 망원경(공해연구소 제공).

1km마다 연속해서 측정할 수 있다. 프레온의 영향을 받기 쉬운 상
부 성층권의 오존 밀도를 정밀도가 높게 연속 관측하는 장치로서
앞으로의 성과가 기대되고 있다. 그림 18은 공해 연구소에서 사용
되고 있는 고고도용 장치의 지름 2m 되는 수광 망원경(受光望遠
鏡) 사진이다.

5. 오존층 관측에서 알게 된 것

지금까지 얘기해 온 방법으로 관측된 성층권 오존이 세계적으로
어떻게 분포되어 있는가 마무리해 보자.

그림 19는 님버스 7에 탑재된 TOMS장치에 의하여 관측된 오존

전량의 세계적 분포를 나타낸다. 그림 속의 숫자는 관측된 오존 전량이 표준 기압·표준 온도(1기압에서 섭씨 영도)에 놓였을 때에 가지게 될 것으로 생각되는 오존층 두께를 나타내고 있다. 단위는 10^{-3}cm의 두께를 1로 하는 **도브슨 단위**로 나타내고 있다. 즉, 300 도브슨은 0.3cm의 두께에 해당한다.

그림 19를 보고 곧 알 수 있는 것은 오존이 고위도에 많고, 저위도에 적다는 것과 같은 고위도라도 겨울이 끝날 무렵에서 봄의 시작(북반구에서는 3월에서 5월, 남반구에서는 9월에서 11월)에 걸쳐서 특히 큰 오존량이 관측되고 있다는 것이다.

고위도에 오존이 많다는 것은 오존 전량의 위도 분포를 나타내는 그림 20에 더 분명히 표시되어 있다. 이 그림의 실선은 연 평균 값이고, 파선은 각 위도의 최고값과 최저값을 나타낸다. 겨울에서

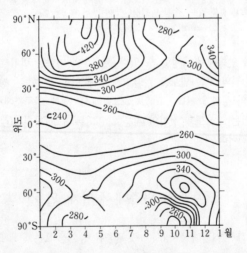

그림 19 님버스 7에 탑재된 TOMS로 관측된 오존 전량의 세계 분포.

이른 봄에 걸쳐서 오존이 많다는 것은 로켓 및 기구에 의한 관측 결과의 집계로 구한 그림 21에서도 뚜렷하게 볼 수 있다.

다음에 같은 3월에 여러 가지 위도에서 관측된 오존 밀도의 고도 분포를 그리면 그림 22와 같이 된다. 이것을 보면, 25km보다 위에서는 위도에 의한 분포 차이는 거의 없으나, 그보다 아래에서는 위도에 의한 변화가 크다. 그리고, 고위도에 감에 따라 하층의 오존이 많아지고 극대가 일어나는 높이도 낮아지고 있다. 이것에 의해 앞에서 본 오존 전량이 고위도에서 많은 원인은 하부 성층권의 오존이 많기 때문이라는 것을 알 수 있다.

이상에서 본 성층권 오존의 위도 변화, 계절 변화 및 고도 분포는 채프먼 이론으로는 설명할 수 없다. 오히려 관측 결과는 이론으로부터 기대되는 것과는 전혀 반대가 되어 있다. 즉, 성층권 오존은

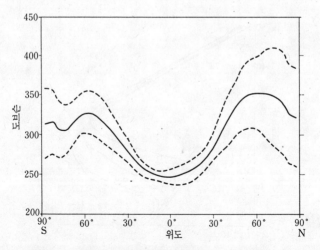

그림 20 TOMS로 관측된 오존 전량의 위도 분포. 실선은 평균값. 파선은 분산을 나타냄.

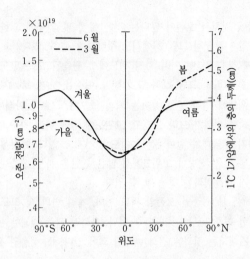

그림 21 로켓 및 기구의 관측에 의한 오존 전량의 위도·계절 변화.

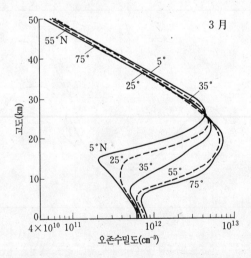

그림 22 여러 위도에 있어서의 3월의 오존 밀도의 고도 분포.

태양 자외선으로 생성되기 때문에 자외선이 강한 저위도나 여름쪽에서 고위도나 겨울보다 많이 생길 것인데도 관측 결과는 전혀 그 반대가 되어 있다. 특히 겨울의 고위도에서는 태양광이 하루 종일 비치지 않는데도 세계에서 가장 큰 오존량이 관측되고 있다.

이렇게 고위도에 오존이 많은 원인은 무엇인가. 그것은 운동에 의하여 오존이 저위도로부터 고위도로 운반되기 때문이다. 고도 분포에서도 오존이 생성되는 높이인 상부 성층권보다 아래인 하부 성층권에서도 가장 큰 오존값이 관측되고 있는데, 이것도 운동에 의하여 오존이 아래쪽으로 수송되는 것으로 설명된다.

또한 오존은 경도 방향으로도 균일하지 않고, 그림 23에 보인 것 같이 동아시아, 유럽, 동아메리카 지방에서 많은 경향이 있다. 이것은 제 Ⅰ 장 제3항에서 얘기한 히말라야 등의 지형이나 저기압 분포

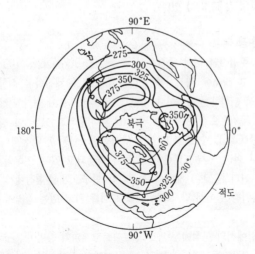

그림 23 오존 전량의 경도 방향의 변화를 나타내는 세계 분포(단위는 도브슨).

의 영향으로 생기는 '행성 파동(行星波動)'에 의한 대규모적인 운동
의 영향이다.

6. 오존 이외의 미량 성분을 관측하는데는……

이 뒤의 제 V 장에서 얘기하는 것과 같이 성층권의 오존 밀도의
결정에는 대기의 여러 가지 미량 성분의 화학 반응이 중요하다. 이
들 미량 성분의 관측에는 여러 가지 방법이 사용되고 있는데, 그
대표적인 것을 소개하겠다. 크게 나눠서 비행기·풍선·로켓 등으로
그 장소에 측정기를 가져가서 관측을 하는 것(현장 측정)과 도브슨
분광계를 사용하는 오존층 관측과 같이 먼 곳에서 떨어져서 관측
하는 것(원격 측정)이 있다.

6a 현장 측정

가장 직접적인 현장 측정은 **시료 채집법**(試料採集法)이며, 기구
등으로 그 장소에 채집기를 운반하여 시료를 채집하여 실험실에
가져와서 분석하는 방법이다. 이때, 도중에서 성분이 변하지 않도록
용기를 극저온으로 유지하는 것이 보통 시행되고 있다. 이 방법으
로 메탄(CH_4), 수소 분자(H_2), 이산화탄소(CO_2), 일산화이질소
(N_2O)나 여러 가지 프레온 분자 등이 측정되고 있다. 권두의 컬러
사진에 산리쿠(三陸) 해안의 우주과학 연구소의 실험장에서 기구
에 채집기를 실어서 발사하는 실험 준비를 하고 있는 풍경이 실려
있다.

실험실에서의 분석에는 가스 크로마토그래피의 방법이 사용된다.
가스 크로마토그래피란 여러 가지 성분이 들어 있는 시료를 헬
륨이나 질소의 '운반 가스' 흐름 속에 주입하여 '충전재(充塡材)'가
찬 분리관 속을 통과시킴으로써 시료 중의 성분을 분리시키는 장

치이다. 충전재의 종류나 분리관을 수납한 장치의 온도에 의해서 시료의 각 성분이 운반 가스에 녹아 들어가는 속도가 다르기 때문에 각 성분이 각기 다른 속도로 차례차례 운반가스와 함께 분리관에서 나온다.

측정 현장에서 농도가 알려진 어떤 종류의 분자를 대기중에 인공적으로 복사하여 그것이 노리는 대기 분자와 화학 반응을 일으킬 때에 발하는 여러 가지 빛을 측정하는 '현장 측정'도 있다. 앞에서 얘기한 오존 밀도를 관측하는 화학 형광법도 그중 하나인데, 그 밖에도 빛을 흡수하여 높은 에너지 레벨로 올라간 분자가 낮은 레벨로 떨어질 때 발하는 **공명 산란**(共鳴散亂)이나 **공명 형광**(共鳴螢光)을 측정하는 경우도 있다. 이들 방법으로 오존을 비롯하여 일산화질소(NO), 일산화수소(OH), 일산화염소(ClO) 등 화학 반응이 빠르고 시료 채집법으로 측정할 수 없는 분자를 측정할 수도 있다.

성층권의 미량 성분 관측에는 항공기도 물론 사용되고 있다. 현재, 다수의 첩보 제트기가 성층권에 닿을락말락한 고도를 비행하고 있고 콩코드나 군용 SST기는 성층권 내를 날고 있다. NASA에서는 오랫동안, U2기를 성층권의 관측에 사용해 왔다.

U2기는 미국 공군의 정찰기이며 지상의 정밀 사진을 찍기 위해서 글라이더식으로 성층권 속을 활주하여 날게 만든, 기체를 새까맣게 칠한 '검은 스파이 비행기'였다. 1960년 5월에 소련 상공의 성층권을 날면서 활동하고 있던 U2기를, 당시의 미국의 아이젠하워 대통령과 소련의 흐루시초프 수상의 수뇌 회담이 예정되고 있던 직전에, 소련이 격추하여 회담을 파기한다고 선언하여 세계를 놀라게 한 일이 있었다.

이것이 U2기의 존재가 세상에 알려지게 된 처음이었다. NASA는 그중의 2대를 희게 칠하여 여러 가지 측정기를 싣고 성층권의 관측에 사용하고 있었다.

최근에 U2기는 완전히 은퇴하여 34년의 역사를 끝냈는데, 그 개량기로서 ER2기(그림 24 참조)가 개발되고 있다. NASA의 에임즈 연구소에서는 ER2기를 남극을 비롯하여 세계 각지에 날려 오존을 비롯하여 프레온이나 일산화탄소 등의 중요한 미량 성분의 관측을 하고 있다.

6b 원격 측정

원격 측정은 분자가 자외선이나 적외선 영역에 각각 특유한 파장의 띠흡수를 가지고 있는 것을 이용하여 태양빛이 그 파장에서 흡수되는 것을 관측한다. 흡수가 일어나는 파장에서는 분자가 에너지를 얻었을 때에 같은 파장으로 발광하므로 분자의 발광 강도를 측정할 수도 있다. 그림 25는 근적외 영역에 있어서 여러 가지 분자의 흡수 스펙트럼과 태양빛의 스펙트럼을 보여 주는데, 오존의

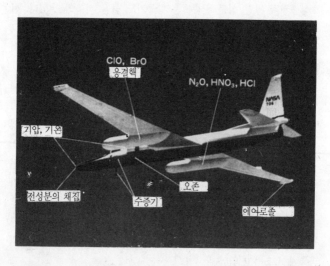

그림 24 오존을 비롯하여 성층권의 미량 성분이나 에어로졸을 관측하는 NASA의 ER2기(NASA에임즈 연구소 제공).

9.6μ 이산화탄소의 15μ, 수증기의 5~7μ에 강한 흡수가 있고 각 곳에서 태양빛의 세기가 약해져 있는 것을 볼 수 있다.

미량 성분의 존재량은 작으므로 측정하는 흡수·발광량을 크게 하기 위해서 긴 광행로(光行路)를 통과하는 광선을 사용하여 광선 상의 총분자량을 증대시키는 것이 바람직하다.

일출·일몰 때에는 태양빛은 비스듬히 긴 통로를 지나 대기를 통과하기 때문에 짧은 파장의 빛이 보다 더 강하게 흡수되어 대기가 붉은기를 띤 것처럼 보인다는 것은 잘 알려져 있다. 이럴 때, 태양

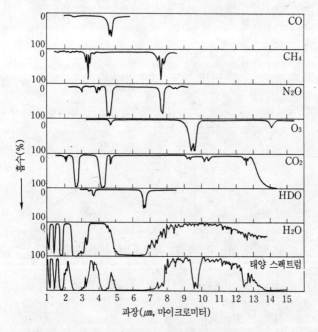

그림 25 근적외선 영역에 있어서의 주요 분자의 흡수 스펙트럼과 지상에서 관측되는 태양 적외선의 스펙트럼.

빛은 수직으로 바로 위로 들어올 때와 비해서 60배나 긴 광행로를 지나고, 그 만큼 많은 분자의 흡수를 받기 때문에 흡수량이 커져서 측정하기 쉽게 된다.

기구나 인공 위성에 측정기를 싣고 대기 분자에 의한 태양빛의 흡수를 관측할 때는 흔히 이렇게 대기의 가장자리(rim)를 통과해 오는 태양빛을 이용하는 일도 있다.

그림 26은 인공 위성에서 태양 광선을 관측하는 경우를 보였는데, 광행로 상의 가장 낮은 높이에서 받는 흡수가 보통 가장 강하므로 관측값은 거의 그 높이의 흡수를 나타낸다. 따라서 인공 위성의 통로 상의 여러 가지 장소에서 관측함으로써 그 흡수 분자의 고도 분포를 구할 수 있게 된다.

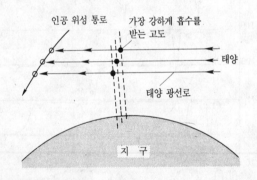

그림 26 인공 위성에 의한 태양 광선의 가장자리(림) 관측.

O₃

V

성층권 오존은 어떤 구조로 소멸하는가?

이 장에서는 화학식 1(41쪽)에서 보인 채프먼 이론으로 계산된 오존 밀도가 중부 및 상부 성층권에서 관측값의 2배 가까이나 큰 이유에 대해서 생각해 보기로 한다. 성층권 오존의 생성 반응으로 서는 채프먼 이론의 R_1 반응 이외는 생각할 수 없으므로 오존의 생성률을 반으로 할 수 없다. 따라서 오존의 소멸 기구에는 R_2의 반응 이외에 그것과 거의 같은 정도의 크기의 오존을 줄이는 반응 이 없어서는 안 되게 된다.

1. 질소 산화물의 촉매 작용

오존의 소멸 반응으로서 채프먼 반응 외에 질소 산화물 반응이 중요하다는 것을 처음으로 지적한 것은 캘리포니아 대학 버클리 분교의 존스턴(Harold Johnston) 교수와 당시 스웨덴에 있던 (현 재는 막스 플랑크 연구소에 있는) 크루첸(Paul Crutzen) 박사였 다. 그 당시, 이들 연구 결과가 이미 이루어졌던 것이 성층권을 나 는 초음속 비행기(SST)의 개발이 1960년대 말기에 미국에서 계획 되었을 때에, SST기로부터 배출되는 질소 산화물로 성층권 오존이 감소될지 모른다는 문제 제기가 되었던 배경에 있었던 것이다.

질소 산화물에 의한 오존의 파괴는 화학식 2에 보인 과정으로 이루어진다.

먼저 R_3의 반응으로 일산화질소(NO)가 오존에서 1개의 산소 원자 를 빼앗아 산소 분자(O_2)로 바꿈과 동시에 자기 자신은 이산화질 소(NO_2)로 변환된다. 다음에 이 NO_2가 R_4의 반응으로 자기 속의 산소 원자를 반응 상대인 산소 원자에게 주어 산소 분자로 바꿈과 동시에 자기 자신은 NO로 되돌아간다. 이 일련의 반응에 의해서

$$R_3 \qquad O_3 + NO \rightarrow O_2 + NO_2$$

$$R_4 \qquad O + NO_2 \rightarrow O_2 + NO$$

$$\overline{R_3 + R_4 \qquad O + O_3 \rightarrow 2O_2}$$

화학식 2 질소 산화물에 의한 촉매 반응

질소 산화물(NO, NO_2)에는 아무런 변화도 없지만 반응이 일순할 때마다 1개의 오존과 1개의 산소 원자가 없어져서 2개의 산소 분자가 생긴다. 이것은 R_3와 R_4의 화학식을 더하여 양변에 공통인 것을 소거해 보면 화학식 2의 맨아래단 식과 같아지는 데서도 알 수 있다.

화학식 2의 반응계에서의 NO와 NO_2와 같이 스스로는 아무 변화를 하지 않는데도 다른 분자·원자의 화학 반응을 촉진시키는 구실을 하는 것을 일반적으로 **촉매(觸媒)**라고 하며, 그런 구실을 **촉매 반응** 또는 **촉매 작용**이라고 한다. 즉, 오존은 질소 산화물의 촉매 작용으로 그것이 없는 경우에 비해서 한층 빨리 소멸하게 된다.

화학식 2의 가장 아랫단 식은 채프먼 반응에서의 실질적 오존의 소멸 반응인 화학식 1의 R_2와는 겉보기로는 같다. 즉, 질소 산화물의 촉매 작용으로 오존이 소멸하는 비율이 채프먼 반응에서 오존이 소멸되는 비율과 같은 정도이면, 종합 결과로서 오존의 소멸률은 R_2의 2배가 되어 관측된 오존 밀도를 잘 설명할 수 있게 된다. 그런 조건을 만족시키는 데는 $1cm^3$당 10^9 정도의 밀도의 NO_2가 있으면 된다는 것을 계산 결과 알게 된다. 그런데 실제로는 그림 5에서 볼 수 있는 것처럼, 그 정도의 밀도인 NO_2가 성층권에 있는 것이 관측되었다. 이로써 중부 및 상부 성층권의 오존 밀도의 크기에 관한 문제는 질소 산화물의 촉매 반응을 고려함으로써 훌륭히 해결되었다.

실제로, 질소 산화물의 촉매 작용을 고려하여 계산한 오존 밀도의 분포는 그림 27에서 '미량 성분 광화학의 영향'이라고 된 실선의 곡선과 같이 되어 있고, 25km보다 위의 중부 및 상부 성층권의 오존 밀도의 계산값이 관측값과 아주 잘 일치한다. 이것은 그림 10에 '채프먼 이론'이라고 적은 곡선에 비해서 두드러진 개량이다. 또한 그림 27의 계산에는 다음에 설명하는 수소 산화물의 촉매 작용의 영향도 포함되어 있는데, 중부 및 상부 성층권에서는 그 영향은 작고 대부분이 질소 산화물의 영향이다.

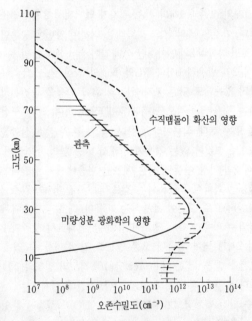

그림 27 여러 가지 촉매 반응과 운동 효과가 채프먼의 오존 분포를 개량함.

2. 수소 산화물의 촉매 작용

화학식 2의 질소 산화물의 촉매 반응에서는 R_4의 반응에 산소 원자(O)가 필요하다. 그런데 그림 5에서 보는 것같이 산소 원자는 30km 보다 아래에서는 아주 적기 때문에 질소 산화물의 촉매 반응은 오존이 가장 많이 존재하는 하부 성층권에서는 유효하게 작용하지 않는다. 하부 성층권에서는 그 대신 수소 산화물(OH, HO_2)의 촉매 작용이 중요하게 된다. 그것은 화학식 3과 같은 일련의 반응에서 먼저 R_5의 반응에 의하여 OH가 오존에서 산소 원자 1개를 빼앗아 산소 분자로 바꿈과 동시에 자기 자신을 HO_2로 변환한다. 다음에 R_6의 반응으로 이 HO_2가 다시 다른 오존과 반응하여 2개의 산소 분자로 함과 동시에 자기 자신은 OH로 되돌아간다. R_5와 R_6의 일련의 반응에 의해서 수소 산화물의 OH와 HO_2에는 변화가 없고 반응이 일순할 때마다 2개의 오존이 파괴되어 3개의 산소 분자로 변환된다.

이렇게 수소 산화물은 오존이 많은 하부 성층권에서 오존 소멸의 촉매 작용을 하고 있다.

R_5	$O_3 + OH \rightarrow O_2 + HO_2$	
R_6	$O_3 + HO_2 \rightarrow 2\,O_2 + OH$	
$R_5 + R_6$	$2\,O_3 \rightarrow 3\,O_2$	

화학식 3 수소 산화물에 의한 촉매 반응.

3. 염소 산화물의 촉매 작용

프레온 문제에 관계가 있는 염소 산화물의 촉매 반응은 화학식 4에 보인 R_7과 R_8의 일련의 반응으로 일어난다. 화학식 4의 촉매 반응에는 R_8의 반응에 산소 원자가 필요하므로, 이 반응은 30km 부근보다 위의 중·상부 성층권에서 유효하게 된다. 나중에 얘기하겠지만 프레온은 중·상부 성층권까지 변화되는 일없이 운반되어 거기에서 태양 자외선에 의한 해리로 염소 원자를 유리하므로 이들 염소 산화물에 의한 오존의 소멸 반응은 채프먼 반응으로 오존이 생성되는 것과 같은 높이에서 오존을 소멸시키게 된다. 따라서 프레온은 하부 성층권에 방출되어 거기서 화학 반응을 일으키면 SST로부터의 질소 산화물과는 비교도 안될 정도의 중대한 성층권 오존의 파괴를 일으키게 된다. 이에 대해서 SST로부터 방출되는 질소 산화물에 의해서 하부 성층권의 오존이 소멸해도 그들 오존은 원래 중부 및 상부 성층권에서 생성된 것이 운동에 의하여 운반되어 온 것이므로 상층에서의 오존 생성 기구에 이상이 없으면 거기에서 보급되어 보상된다.

같은 양의 염소 산화물과 질소 산화물이 있는 경우는 염소 산화물의 촉매 반응은 질소 산화물의 그것보다도 오존층을 파괴하는

R_7	$O_3 + Cl \rightarrow O_2 + ClO$	
R_8	$O + ClO \rightarrow O_2 + Cl$	
$R_7 + R_8$	$O + O_3 \rightarrow 2O_2$	

화학식 4 염소 산화물에 의한 촉매 반응.

정도가 2배 가까이나 크다는 것이 알려져 있다.

SST나 프레온 문제에 대해서는 각각 제 Ⅶ장과 제 Ⅺ장에서 더 자세히 설명한다.

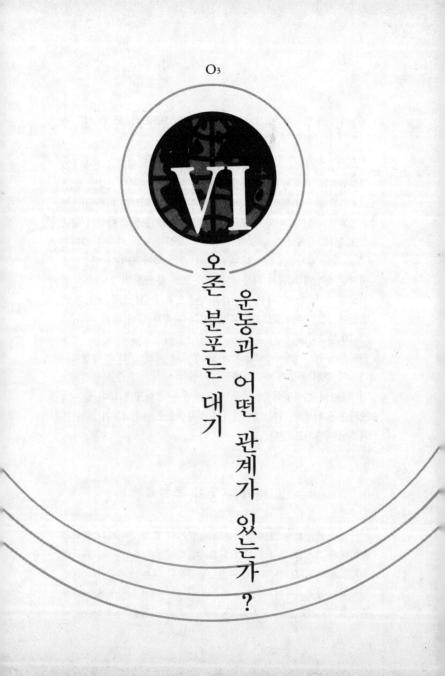

O₃

VI

오존 분포는 대기 운동과 어떤 관계가 있는가?

1. 하부 성층권에 있어서의 운동의 중요성

20㎞ 근방에서 아래 높이에서는 오존 밀도가 광화학 반응으로 변화하는데 요하는 시간(시상수)이 아주 크기 때문에 (그림 6 참조) 화학 반응이 일어나기 전에 오존은 운동에 의해서 다른 장소로 운반되어 버린다. 따라서 오존 밀도 결정에는 운동의 영향이 중요하게 된다. 실제로 수직 방향의 맴돌이 확산 운동의 영향을 고려한 모델 계산 결과는 그림 27의 파선과 같이 되어 광화학 반응만을 생각한 실선에 비해서 하부 성층권의 오존 분포를 거의 관측과 일치시킬 수 있다. 이 파선에는 화학 반응으로서 순산소의 채프먼 반응만이 고려되어 있으므로 위쪽에서는 관측과 맞지 않게 된다(그림 10 참조).

마찬가지로 성층권 오존의 위도 분포나 계절 변화의 설명에는 대기의 수평 운동이 중요하게 된다. 이 장에서는 오존을 운반하는 성층권이나 대류권의 지구 규모의 큰 운동이 어떻게 되어 있는가, 프레온은 어떻게 하여 대류권에서 성층권으로 운반되는가 하는 문제를 생각하기로 한다.

2. 대기 운동의 추적자

공기가 운동하는 모양을 아는데는 공기와 함께 운동하는 물질을 찾아내어 그것을 추적해 가면 된다. 이 목적에 사용되는 물질을 **추적자**(tracer)라고 부른다. 실은 오존 자신이 하부 성층권이나 대류권에서는 추적자이며, 예를 들면 저기압 부근에서 성층권에서 대류권으로 하강해 오는 공기의 운동을 오존의 이동을 추적함으로써 관측할 수 있다.

오존 외에도 여러 가지 추적자가 있다. 예를 들면 수증기가 그렇다. 1949년에 영국의 브르워(A. W. Brewer)는 영국 상공의 대류권 계면의 바로 위의 성층권 대기가 아주 건조되어 있어서 그 이슬점이 절대 온도로 193K(−80℃) 정도인 것을 관측하였다. 이 이슬점은 그림 4에서 볼 수 있는 것처럼 적도 상공의 대류권 계면 부근의 온도(195K)와 거의 같다. 이런 사실로부터 브르워는 중·고위도의 성층권 공기는 적도 부근의 강한 상승 기류로 대류권에서 성층권으로 들어간 공기가 수평으로 방향을 바꾸어 이동되어 온 것이라고 생각했다.

공기가 적도 부근의 저온 권계면(圈界面)을 통과할 때, 그 온도를 이슬점으로 가질 수 있는 수증기량보다 여분의 수증기를 빙결(氷結)로 잃은 다음에 성층권으로 들어가기 때문에 그 이후는 그때의 온도(195K 정도)를 유지한 채 중·고위도로 운반되게 된다. 이러한 저위도로부터 고위도로 향하는 성층권의 공기 운동은 오존의 관측 결과를 설명하기 위해서 도브슨이 이전부터 생각하고 있던 운동과 일치하기 때문에 **브르워−도브슨의 환류(環流)**라고 부른다.

큰 화산의 분화가 일어나면 그에 수반되어 다량의 분진 입자(粉塵粒子)가 성층권까지 날아올라서 대기 운동과 더불어 이동하는 모습을 볼 수 있다.

1883년 8월 27일 인도네시아의 크라카타우(Krakatau) 섬에서 일어난 화산 분화(그림 28 참조)는 기록사상 최대의 것으로 분진은 32km 높이까지 날아 오르고 몇주일 지나서 25km 높이에 내려와서는 장기간 그 높이에 정체하고 강한 동풍을 타고 지구를 몇바퀴 도는 것을 볼 수 있었다고 한다. 그 동안 남북 방향의 운동도 더하여 이 분진 때문에 일몰시와 같은 붉은 태양을 지구상의 각지에서 보게 되었다고 한다. 또한 몇년 동안 지구의 평균 온도가 0.5도나 저하하였다고 전해진다.

그림 28 크라카타우 화산의 폭발(1883년).

자연 현상 외에도 인공적인 추적자를 사용하여 대기 운동을 알수 있다. 나중에 제 XI장에서 설명하는 것과 같이 프레온 등도 처음에는 대도시 부근의 대기 오염의 확대를 연구하기 위한 추적자로이용되어 그 분포가 관측되었다.

핵폭발 실험과 더불어 상공으로 높이 날아올라가는 방사성 물질은 이른바 '죽음의 재'로 공포의 대상이 되고 있는데, 그만큼 그 행방을 정확하게 알 필요가 있어서 자세한 관측이 실시되고 있다. 이들 관측 결과는 동시에 대기 운동의 연구에도 유용하다. 체르노빌원자력 발전소의 사고 때에는 대기중에 방출된 방사성 물질이 어떤 코스로 언제 일본에 도달하는가 많은 사람의 관심을 불러일으

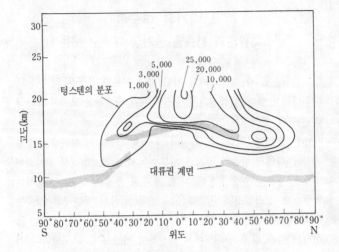

그림 29 핵폭발 실험으로 발생한 텅스텐 동위 원소의 반 년 후의 분포. 그늘로 나타낸 것은 대류권 계면을 보여줌.

킨 것은 아직도 기억이 새롭다.

1958년 5월 13일의 핵폭발 실험에 의해서 생긴 텅스텐의 동위 원소(반감기 74일)의 관측 결과를 그림 29에 보였다. 그림 속의 숫자는 1000세제곱피트의 대기중에서 매분마다 일어나는 핵분열수를 나타낸다. 폭발은 북위 17도 부근에서 일어났는데, 이 그림에 보인 반년후에는 폭발 지점에서 남북으로 각각 20도에서 30도 떨어진 곳에서 방사능의 극대가 검출되었다. 이런 사실에서도 성층권 대기가 남북으로 운동하고 있다는 것을 알 수 있다.

3. 대기의 대순환
—대류권과 성층권 공기의 대규모 운동

시간적으로 평균한 대기의 지구 반구 규모의 운동은 **대기의 대
순환**이라고 한다. 대류권과 성층권의 대기 대순환을 모식적으로 그
리면 그림 30과 같다.

대류권에서는 지표면의 가열이 큰 적도 부근에서 일어나는 상승
기류에 의해서 상승한 공기의 대부분은 대류권 계면에서 저지되어
극으로 향하는 수평 운동이 된다. 이 수평 운동은 지구가 자전하는
영향으로 **코리올리의 편향력**(偏向力)을 받아서 북반구의 경우는
우회전(동쪽 방향)으로 휘어져서 서풍이 된다. 이 결과, 공기는 북
상하는 힘을 잃고 중위도에서 하강하여 지표 부근에 도달하여 거

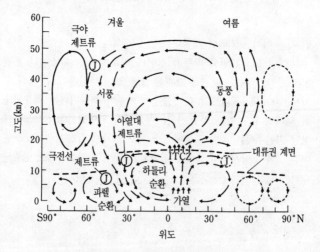

그림 30 대기 대순환의 모식도.

기서부터 적도 방향으로 운동하여 출발점에 되돌아간다. 이렇게 하여 저위도에서 중위도에 걸쳐서 **하들리 순환**이 생긴다.

지구는 하루에 1회전의 비율로 서에서 동으로 자전하고 있으므로 공기도 그에 따라서 움직인다. 1일 1회전하는데는 적도상의 지점에서는 고위도보다 긴 거리를 움직여야 하므로 빠른 속도로 동쪽 방향으로 운동해야 한다. 이때문에 북반구에서 북쪽으로 움직이는 공기는 출발점이 보다 큰 동쪽으로 향한 속도를 가지고 유입점으로 들어오기 때문에 유입점에서 동쪽으로 향한 운동(서풍)이 생기게 된다. 이렇게 지구 자전의 영향으로 북쪽으로 향하는 운동을 동쪽으로 향하는 (오른쪽) 힘으로 바꾸는 힘을 **코리올리의 편향력**이라고 한다. 고기압에서 불어내리는 공기가 저기압 주위에서 맴돌이 모양으로 운동하거나 태풍 진로가 오른쪽으로 휘는 것도 코리올리의 편향력 때문이다.

중위도의 하강 기류가 일어나는 지대에서는 단열 압축에 의한 가열로 공기가 건조하여 좋은 날씨가 계속되는 동시에 사하라, 고비, 네바다 등의 사막이 생긴다. 또한 상공에서는 지면 마찰의 영향이 없어지므로 풍속이 증대하여 하들리 순환이 중위도에서 하강하는 부근의 서풍은 특히 강하게 되어 지구를 일주하는 **아열대 제트류**가 생긴다. 이 흐름은 특히 겨울에 발달한다.

하들리 순환은 저위도로부터 중위도로 열을 유효하게 운반하는데, 남북 운동이 코리올리의 편향력 때문에 중위도에서 멎기 때문에 거기에서 고위도로 향해서 큰 온도차가 생긴다. 이 온도차는 겨울 반구에서 고위도의 냉각이 클 때는 특히 커진다. 이 큰 온도차를 해소하려고 하여 고·저기압을 포함하는 대규모적인 대기의 교란 운동이 일어난다. 이 운동은 하들리 순환과 같은 분명한 정상운동(定常運動)은 아니지만, 평균을 잡으면 중위도에서 고위도에 걸친 **파렐 순환**과 극 부근의 찬 공기의 하강에 기인하는 **극지방의 순환**이 된다. 이렇게 대류권의 대순환은 남북 양반구에 각각 3개씩 생기는 순환 운동으로 특징지울 수 있다.

성층권에서의 대기 운동의 원동력은 오존의 태양 자외선 흡수에 의한 대기의 가열이다. 자외선은 태양 바로 아래의 여름 반구에서 강하고 오존은 고위도에 많다. 다시 여름의 고위도에서는 하루 종일 일사가 있는데, 겨울의 고위도에서는 일사가 전혀 없다. 이런 결과로 성층권의 가열은 여름의 고위도에서 가장 크고 겨울의 고위도에서 가장 작아진다. 따라서 성층권의 대순환은 여름 반구에서 적도를 넘어서 겨울 반구에 이르는 전 지구에 걸치는 순환이 된다. 이 남북 운동은 코리올리의 힘을 받아 북반구에서는 오른쪽으로, 남반구에서는 왼쪽으로 편향하기 때문에 성층권에서는 겨울은 서풍, 여름은 동풍이라는 규칙적인 바람이 분다. 또한 겨울의 고위도에서는 남북의 온도차를 해소하기 위해 시간적·공간적으로 변동하는 교란 운동이 일어나는데, 이것은 평균을 취하면 하들리 순환과 반대 방향의 순환 운동이 된다.

이 교란 운동은 제Ⅰ장 제3항에서 설명한 행성 운동의 영향으로 일어난다고 생각되고 있다.

여름의 고위도에서는 이 순환은 약해서 분명하지 않으므로, 결국 성층권의 대순환은 그림 30과 같이 주로 전 지구에 걸친 2개의 순환이 된다.

이런 순환 운동 외에 적도 부근의 상승 기류로 대류권에서 성층권으로 들어온 공기가 성층권 하부를 남북 두 방향으로 향하는 운동을 한다는 것은 앞에서 브르워-도브슨 환류로 설명한 대로이다. 이렇게 하여 그림 30에서 볼 수 있는 성층권 대순환이 형성된다.

겨울 성층권에서 부는 서풍은 아주 강해서 평균 속도가 매초 100m를 넘는다. 이것은 흔히 극을 둘러싸는 **주극(周極) 맴돌이 운동**이 되며, 그림 31에 보인 것같이 크게 구불구불 나아가는 **극전선 제트류**가 된다. 북반구인 경우에는 맴돌이 운동 중심이 북극에서

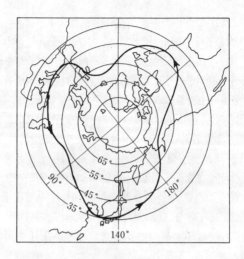

그림 31 겨울의 500mb 고도에서의 공기의 흐름. 곡류하여 북극
을 둘러싸는 극전선 제트류를 나타냄.

벗어나서 유라시아 대륙쪽에 기울어져 있는 일이 많다. 이 겨울의
성층권에 부는 서풍은 일본 부근에서 특히 강하기 때문에 제2차
세계 대전의 말기에 일본에서 풍선 폭탄을 미국 대륙에 흘러 보내
는데 이용된 적이 있다.

4. 대류권과 성층권의 교류

지상 부근에서 대기중에 방출된 프레온은 중·상부 성층권에 도
달하여 비로소 태양 자외선에 의한 해리 작용으로 염소 원자를 유

리하여 그것이 성층권 오존을 감소시킨다. 그러나 프레온이 상승하여 상부 성층권에 도달하는데는 10년 이상의 세월이 걸린다. 어떤 경로를 지나 대류권 물질이 성층권에 들어가고, 또한 성층권 물질이 대류권에 내려오는가를 알아내는 것은 프레온이 성층권 오존에 어떤 영향을 주는가를 조사하는 데도 중요한 일이다.

성층권에서는 높이와 더불어 온도가 상승되고 있으므로 공기는 열적(熱的)으로 안정되어 있어서 상하의 공기가 혼합되는 일은 적다. 대류권 속을 상승해 간 프레온 등의 물질은 이 대류권 계면의 벽에 저지되어 성층권에 침입할 수 없다. 그러나 적도 지방의 강한 지면 가열로 생기는 상승 기류의 일부는 대류권 계면을 통과하여 성층권으로 들어갈 수 있을 것이다. 실제로 적도 지방에서 생기는 적란운은 가끔 이 대류권 계면을 뚫고 나가 성층권 내에 이를 만큼

그림 32 발달한 열대 적란운[이이다(飯田睦治)씨 제공].

강대하게 발달하는 일이 있고, 이 **열대 적란운**에 따른 상승 기류에 실려 대류권 물질이 성층권으로 들어간다는 것이 알려져 있다. 그림 32는 적도 지방에 발달한 적란운을 찍은 것이다.

적도 지방에 상승 기류를 발생시키는 또하나의 작용에 역학적 현상이 있다. 하들리 순환에 의하여 지면 부근을 중위도에서 적도로 향해서 불어온 바람은 코리올리의 편향력을 받아서 북반구에서는 북동풍으로, 남반구에서는 남동풍이 된다. 이들 적도 부근에서 규칙적으로 부는 동풍은 범선의 운항에 이용되어 왔고 **무역풍**(貿

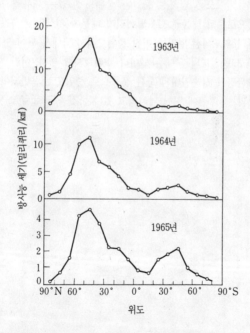

그림 33 핵폭발에 의하여 생긴 스트론튬의 동위 원소가 지표에 낙하한 양의 위도 분포[기상청의 가츠라기(葛城幸雄)씨에 의함].

易風)이라고 불린다. 북과 남으로부터 와서 적도상에서 부딪치는 무역풍은 갈 곳이 없으므로 위쪽 방향으로 흘러가서 상승 기류가 된다. 이렇게 상승 기류가 발달하는 영역을 적도 수렴대(赤道收斂帶 : ITCZ)라고 부르며 대류권 물질이 성층권에 들어가는 통로의 하나가 되어 있다.

　지금까지와 반대로 성층권 물질이 대류권에 들어가는 통로는 어디일까. 그것은 주로 대류권 계면의 틈을 지나 하강하는 통로이다. 이것은 스트론튬의 동위 원소(반감기 28년)에 대한 관측 결과를 나타내는 그림 33에 뚜렷이 나타나 있다. 이것을 보면 저위도의 성층권에서 날아오른 방사성 물질은 중위도에 있는 대류권 계면의 갭 근방으로부터 대류권으로 떨어지기 때문에 지상의 관측값은 폭발 지점의 위도에서 멀리 떨어진 중위도에서 극대가 되어 있다. 특히 남반구 중위도의 극대는 해마다 뚜렷해지고 있다. 이런 사실은 방사성 물질이 성층권내의 순환 운동으로 중위도로 운반되어 대류권 계면의 틈 부근에 많이 낙하되고 있다는 것을 말해 주고 있다.

O₃

VII

SST(성층권 초음속기)가 오존층을 파괴한다?

1. SST(성층권 초음속기)의 무엇이 문제였는가?
─지구 규모의 공해 문제의 시초

성층권을 나는 초음속 비행기(SST)의 엔진으로부터는 다량의
질소 산화물(주로 NO)이 배출된다. 이 NO의 촉매 작용으로 성층
권의 오존이 대량으로 파괴되지 않을까 하는 염려가 1960년대 말
에서 1970년대 초에 걸쳐 미국에서 문제되었다.

SST 문제가 일어나기 전까지는 일반 사람은 물론 학자도 거의
성층권이라거나 성층권 오존이라는 문제에 관심을 가지지 않았다.
이 SST문제는 오늘날 우리 인류에게 '프레온에 의한 성층권 오존
의 파괴'라는 중대한 문제를 알아차리게 한 그 자체의 계기를 만든
전초전이었다. 그래서 당시의 사정을 좀더 자세히 설명하겠다.

제2차 세계 대전후, 각국의 공업화가 급속히 진척된 결과, 여러
가지 공해 문제가 표면화하여 그에 대한 사람들의 관심도 점차 높
아졌다. 처음에는 이른바 공해·환경 문제의 중점은 자기가 사는 주
변 지역에 관한 로컬한 문제에 두고 있었다. 그러나 SST에 의한
성층권 오존의 파괴 문제는 전세계·전인류의 생존·발전에 관한 지
구적인 공해 문제로서 처음으로 우리가 직면한 문제였다.

1960년대에 들어와서 제트기가 개발되고, 더우기 점보기와 같은
대형기가 만들어져서 지구상의 이동이 아주 편리해졌다. 장차 더
속도가 증가되어 초음속으로 날게 되면 현재 제트기로 10시간 남
짓 소요되는 태평양 횡단의 비행 시간이 3시간 정도 단축되어 한
미간의 1일 생활권도 꿈이 아니게 될 것이다. 그 실용적 이익은 물
론 경제적 영향은 헤아릴 수 없을 것이다.

이밖에도 SST의 개발은 여러 가지 관련 기술의 발달을 촉진하
는 이점이 있다. 그때문에 유럽에서는 영국과 프랑스의 정부 원조

그림 34 콩코드 SST[교도(共同) 통신 제공].

로 콩코드 SST의 공동 개발이, 소련에서는 TU144기의 개발이 추진되었다. 콩코드는 현재 런던과 오스트레일리아 및 파리와 남아메리카 사이를 정기적으로 비행하는 외에 부정기적으로 세계 각지를 비행하고 있다. 그림 34에 콩코드 SST의 사진을 보였다. 쇼와천황(昭和天皇)의 장례 때에도 프랑스의 미테랑 대통령이 콩코드를 타고 나리다(成田) 공항에 도착하는 것을 많은 사람들이 텔레비전으로 보았다. 미국에서는 보잉사가 SST개발을 계획하여 연방 정부의 재정적 요청을 시청하였는데, 이 요청은 1971년 3월 연방 의회의 상원에서 부결되었다.

2. CIAP위원회의 활동

미국 정부가 보잉사에 대한 원조를 부결한 주요한 이유의 하나는 당시의 미국이 베트남 전쟁에 한참 개입하던 시대여서 정부에 재정적 여유가 없었던 데 있었다. 그러나 그뿐만 아니고 SST에서 배출되는 질소 산화물의 촉매 작용으로 성층권 오존이 감소한다는 과학자의 경고가 주요한 요소가 되어 있었다. 그 당시의 미국의 재정 사정은 베트남 전쟁 때문에 아주 절박하여 있어서 정부 연구 기관의 예산이나 대학의 연구비 보조도 대폭으로 삭감 또는 정지되는 상황이었는데, 문제의 중요성을 감안하여 상원은 보잉사에의 경제 원조를 부결함과 동시에 연방 정부의 운수성(運輸省) 안에 CIAP라는 위원회를 만들어 특별 대형 예산을 계정하여 1972년에서 1974년 사이에 이 문제를 조사·연구하여 의회에 보고하도록 명했다.

CIAP위원회에서는 일대 캠페인을 실시하여 정부 연구 기관·대학·민간 연구소의 다수의 연구자에게 협력을 요청하였다. 그 요청에 호응한 사람들의 학문의 전문 분야는 물리·화학·지구 물리학(특히 기상학과 초고층 대기 물리학)·엔진 공학·생물학·의학을 포함하고 이른바 학제적(學際的) 협력이 훌륭히 이루어졌다. 또한 유럽 각국, 캐나다, 일본, 오스트레일리아 등 여러 나라의 과학자도 협력하여 국제적 협력도 이루어졌다. 필자는 그 당시 미국의 상무성의 해양·대기 연구소(NOAA)에 근무하고 있었는데, 그 전문이나 흥미가 위원회의 목적에 합치하였으므로 CIAP위원회의 요청에 호응하여 협력하게 되었다.

CIAP의 이름인 Climatic Impact Assessment Program을 글자 그대로 해석하면 기후에의 영향을 조사·연구하는 것이 목적인 위원회인데, 한정된 예산으로 한정된 기간에 결실 있는 결과를 내기 위해서는 SST에 의한 오존층 변화를 중점적으로 조사하게 되었다고 생각된다. 사실 CIAP위원회는 그 2년간에 성층권 오존에 관한 작업을 아주 정력적으로 하여 미국 국내는 말할 것도 없고 스위스(알로사), 오스트레일리아(멜버른), 일본[교토(京都)] 등의 국제 회의에서도 심포지엄을 하여 사람들의 관심을 높이는데 노력하였다.

CIAP시대는 성층권 오존에 관한 여러 가지 문제의 소재를 밝히고 어떠한 미량 성분이 중요한가를 결정하여 그 존재량을 측정하거나 중요한 화학 반응 속도를 정확하게 측정한다는 기본적인 것을 착실하게 실행하여 짧은 기간에 놀랄 만큼 우리의 성층권 오존에 관한 지식을 증대시켰다. CIAP 종료 후의 눈부신 성층권 오존 연구의 발전은 실로 이 CIAP의 성과가 있어서야 가능했다고 해도 과언이 아니다.

CIAP는 그 2년간에 얻은 성과를 1974년에 상원에 제출함과 동시에 성층권 오존에 관한 여러 가지 기초 지식을 방대한 보고서에 마무리했다. 이것이 그후의 성층권 오존의 연구 발전에 이어져서 프레온에 의한 성층권 오존 파괴를 미연에 방지하는 기회를 인류에게 주는 결과가 된 것이다.

3. SST문제의 재평가

SST를 날게 하는 것의 가부에 대한 CIAP위원회의 보고서는 당시 일반적으로는 SST의 영향이 크다고 생각되고 있었는데도 불구하고 '1976년에 예정되고 있는 16기의 콩코드SST와 14기의 소련의 UT144에 의한 오존에의 영향은 적다'는 정치적 색채가 짙은 결론이 되어 일부의 과학자의 비판을 받았다. 그러나 짖궂게도 CIAP보고서가 제출된 직후에 CIAP 기간 중에 화학자가 실시한

R_5	$O_3 + OH \rightarrow O_2 + HO_2$
R_9	$NO + HO_2 \rightarrow NO_2 + OH$
J_3	$NO_2 +$ 태양 광선 $\rightarrow O + NO$ (가시광+자외선)
R_2	$O + O_2 + M \rightarrow O_3 + M$
합계	양변이 같아서 아무것도 생기지 않음

화학식 5 SST로부터 배출되는 NO에 의해서 생기는 화학 반응

다음에 그 이유를 설명하겠다.

앞에서도 설명한 것처럼 SST가 나는 하부 성층권의 오존이 소멸되는 촉매 작용은 질소 산화물이 아니고 화학식 3에 보인 수소 산화물의 반응으로 일어난다. NO와 HO_2의 반응이 그때까지 알려진 것보다 40배나 빠르면 SST에서 다량의 NO가 배출된 경우, R_5의 반응으로 생긴 HO_2는 R_6로 오존과 반응하여 OH로 되돌아가는 것보다는 SST로부터 나온 NO와 반응하여 화학식 R_9의 반응을 일으켜 OH로 되돌아가는 확률이 높아진다. 이 R_9의 반응에서는 NO_2가 생성되므로 그것이 태양광에 의해서 해리되어 산소 원자를 유리하여 그것으로부터 오존이 생성된다. 이 SST의 산화 질소 배출물에 관한 일련의 반응은 화학식 5에 보인 것처럼 되어 있어서 네 가지 반응으로 생성되는 분자 종류와 소멸하는 분자 종류는 완전히 같다. 그것은 화학식 5의 일련의 반응으로는 성층권 조성에 아무런 변화도 생기지 않는 것을 나타내고 있다.

이런 사실로부터 SST에서 배출되는 NO로 하부 성층권의 오존이 소멸할 염려가 처음에 생각한 것보다 훨씬 적다는 것이 알려졌다. 또한, 가령 다소의 오존이 하부 성층권에서 소멸해도 거기에 있

는 오존은 원래 운동에 의하여 상부에서 운반된 것이므로 상부 성
층권에서의 오존 생성률에 이상이 없으면 거기로부터의 수송에 의
하여 보급되므로 문제가 없다. 문제는 오히려 SST에서 배출되는
NO가 상부 성층권에 운반되어 거기에서 화학식 2의 촉매 반응이
일어나서 오존을 소멸시키는 데 있다. 그러나, 질소 산화물의 광화
학 반응은 상당히 빠르기 때문에 그 수명이 짧아서 상부 성층권에
까지 도달하는 것은 어렵다. 결국 SST의 질소 산화물에 의한 성층
권의 오존 감소는 처음에 생각한 것보다 훨씬 적다고 하겠다.

SST의 배기 가스에 의한 성층권의 오존 감소가 처음에 생각한
것보다 적다는 것이 판명된 일도 있고 해서, 최근 미국에서의 SST
개발 기운이 높아지고 있다. 그러나, SST의 운행 고도에 따라서 그
영향은 두드러지게 다르기 때문에 주의가 필요하다. 그와 함께 초
음속으로 나는 경우의 충격파나 비행장 주변의 소음 공해 문제, 나
아가서는 비행기 그 자체의 손상도와 경제성 등 고려해야 할 문제
가 많이 있다.

SST의 성층권 오존에 대한 영향이 그 비행 고도에 따라서 뚜렷
이 다르다는 것을 나타내는 모델 계산 결과를 보이겠다. 그림 35의
4개의 곡선은 각각 화살표의 높이에 NO가 배출되었을 때에 생기
는 오존 밀도의 변화율을 나타내고 있다. 괄호 속에 적은 숫자는
각각의 경우의 오존 전량이 감소하는 비율을 나타낸다. ABCD의
네 가지 경우를 비교하면, D와 같이 9km에서 16km의 비교적 낮은
곳을 날 때는 성층권에 있어서의 감소율은 작다. 이에 대하여 A의
경우와 같이 20km이라는 높은 곳을 날 때는 상당한 오존 전량의
감소를 볼 수 있다.

이 계산에서는 네 가지 경우 모두 1ℓ당 매초 1개의 입자라는
비율로 NO가 배출된다고 가정하고 있다. 실제로는 여러 가지 SST
가 여러 가지 높이를 나는 빈도는 아주 다르기 때문에 NO의 방출
량도 네 가지 경우에서 각각 크게 다를 것이다. 따라서 괄호속의

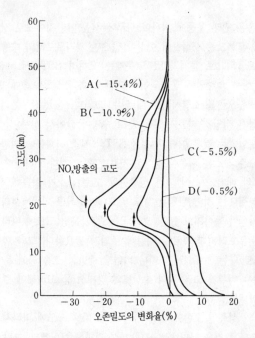

그림 35 여러 높이를 나는 SST에 의한 오존 밀도의 변화(모델 계산).

정밀 검사 결과 NO와 HO_2의 화학 반응 속도가 종전 값보다 40배나 빠르다는 것이 판명되어 SST가 나는 하부 성층권에서는 NO의 배출에 의해서 오존을 감소시킬 가능성이 그때까지 생각되던 것보다 두드러지게 적다는 것이 밝혀졌다.

오존 전량의 감소율 값 그자체를 네 가지 경우에서 비교할 수는 없다.

예를 들면 A 고도를 나는 SST의 수는 D의 경우보다 훨씬 적을 것이므로, NO의 방출량도 훨씬 작을 것이다. 그러나 이 계산 결과로부터 SST가 나는 고도에 따라 성층권 오존에 대한 영향에 뚜렷

한 차이가 있다는 것을 명백히 알 수 있다. 같은 NO량이 방출되어
도 그것이 높은 곳을 나는 SST에서 방출된다면 성층권 오존을 감
소시키는 위험이 크게 된다. 따라서, 예를 들면 20km의 고도를 많
은 SST가 날면 10km의 경우보다는 성층권 오존을 감소시킬 위험
성이 높아진다.

또한 D의 경우에 대류권에서 오존이 증가하고 있는 것은 **광화학
스모그** 현상이 일어나고 있기 때문이다. 광화학 스모그는 자동차의
배기 가스인 일산화질소(NO)와 공장 등에서 배출되는 탄화수소
(CH_mO_n)의 반응으로 이산화질소(NO_2)가 생기는 현상인데, 이 경
우는 SST에서 배출되는 NO와 메탄(CH_4)의 반응으로 NO_2가 생긴
다. NO_2는 태양의 가시 광선으로 해리되어 산소 원자를 유리하므
로 이 산소 원자와 대기중의 산소 분자의 결합으로 오존이 생성된다.

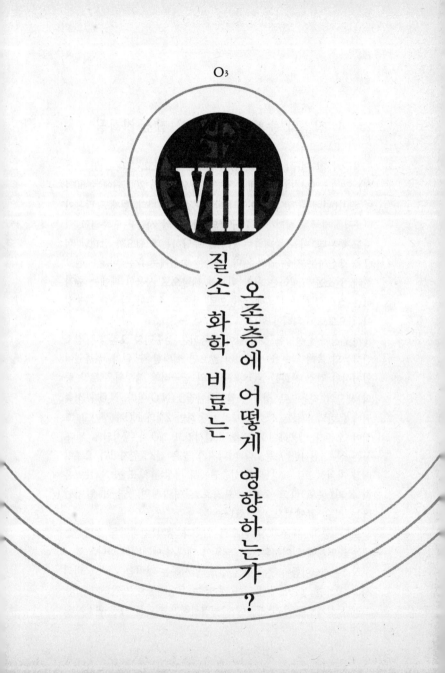

O₃

VIII

질소 화학 비료는 오존층에 어떻게 영향하는가?

1. 질소의 순환과 성층권의 질소 산화물

지구의 전 인구는 1987년 7월에 50억을 넘고, 그대로 연율(年率) 약 1.5%의 비율로 계속 증가한다고 하면, 2000년에는 60억 명, 2010년에는 70억 명으로 폭발적으로 늘어간다. 현재도 일본이나 구미 제국을 제외하는 지구상의 대부분의 사람은 굶주리고 있다고 하는데, 이들 증대하는 인구를 부양하는데 필요한 방대한 식량을 생산하는 것은 쉽지 않다. 농산물 증산에는 많은 비료가 필요한데, 질소를 포함하는 화학 비료를 대량으로 사용할 때에는 증가하는 질소 산화물의 촉매 작용으로 성층권 오존이 감소할 가능성이 있으므로 주의해야 한다.

제 V 장에서 설명한 것과 같이 관측되는 성층권의 오존량은 질소 산화물의 촉매 작용을 생각하지 않으면 설명할 수 없다. 성층권에 있어서의 질소 산화물(NO와 NO_2)의 궁극적인 생성원은 토양 중의 세균의 작용으로 생기는 일산화이질소(N_2O)이다. N_2O가 성층권에 운반되어 들뜬 산소 원자와 반응하면 2개의 NO가 생기고, 그것이 오존과 반응하여 오존을 소멸시키고 NO_2가 생성되게 된다. 들뜬 산소 원자란 보통보다 에너지가 높은 산소 원자이며 오존이 태양 자외선으로 해리될 때 성층권에서 생성된다. 또한, N_2O는 흔히 소기(笑氣)라고 부르는 분자로 들여마시면 웃음이 일어난다는 것은 앞에서도 얘기했다.

토양 중의 세균의 작용으로 N_2O가 생기는 과정을 설명하는데는 자연계에 있어서의 질소 순환에 대해서 얘기해야 한다.

질소는 그 이름이 '질식성 물질'을 암시하는 것처럼, 산소에 비해서 자칫하면 생물에게 유해한 것 또는 무용지물로 생각하기 쉽다. 그러나 실제로는 우리 생물에게는 결정적인 의미를 가진 원소이다.

특히 우리 신체의 대부분을 차지하는 단백질이나 생명 활동에 중요한 작용을 하는 핵산(核酸)·효소(酵素)·비타민·호르몬 등은 모두 질소를 함유하는 분자로 이루어져 있다.

지구에 있는 질소의 약 80%는 대기중에 있고 화학적으로 활발하지 못한 질소 분자(N_2)로서 존재한다. 나머지 대부분은 토양 속에 있고 복잡한 유기물인 부식물(腐植物)에 함유되어 있다. 그리고 극히 미소한 부분이 생체 내에 유기 화합물로 존재한다.

생물은 대기중에 많이 있는 질소 분자를 그대로의 형태로는 체내에 받아 들일 수 없다. 초기의 생물은 암모니아(HN_3)의 형태로 질소를 받아들였다고 생각되는데, 지구 환경이 산화적으로 됨과 더불어 질산염(NO_3^-)이라는 산화 질소의 형태로 섭취하게 되었다.

대기중의 질소 분자가 산소와 결합하여 산화 질소를 만드는 일은 드물게는 있다. 예를 들면, 번개 방전과 더불어 질소의 산화물이 생기는 것이 알려져 있다. 그 때문에 번개가 많은 해는 풍년이라는 따위의 얘기가 전해 오고 있다. 또한 고압선 아래에 있는 밭은 다른 곳에 있는 밭보다 농작물이 잘 된다고 하는데, 이것은 마찬가지 이유에서라고 생각된다. 그러나, 자연계에서 가장 많이 질소 분자로부터 생물이 받아들일 수 있는 형태의 질산염을 만드는 것은 토양 속의 세균이나 물속의 조류의 작용에 의한다.

일반적으로 질소 분자 속의 분자의 결합을 풀어서 질소 원자를 다른 원자 또는 분자와 결합시키는 작용을 **질소 고정 작용**(窒素固定作用)이라고 한다. 토양 속에서 이런 작용을 하는 세균은 독립해서도 존재하는데, 콩과 식물 따위의 뿌리에 많이 공생(共生)하고 있다. 또한 질소는 식물이나 동물의 시체나 배설물이 부패해서도 토양에 들어간다.

질소 고정 작용으로 잃어진 공중 질소는 그 역작용인 탈질 작용(脫窒作用)으로 보급되어 밸런스를 유지하게 되는데, 이들 일련의 질소 순환의 모습을 그리면 그림 36과 같이 된다.

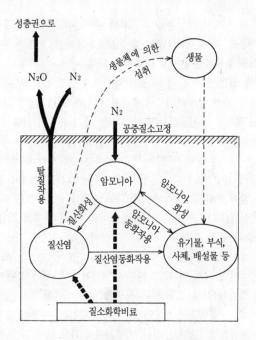

그림 36 공기중 및 토양에서의 질소 순환, N_2O의 발생 루트.

　먼저 공중 질소의 고정 작용에 의하여 N_2로부터 토양 속에 암모니아가 생긴다. 또한 암모니아는 부식을 형성하는 유기물의 암모니아 화성(化成)에 의해서도 생긴다. 그리고 이들 암모니아는 질산화성 작용에 의하여 질산염으로 바뀌진다. 이 동안에 암모니아의 일부나 질산염은 암모니아 동화 작용이나 질산 동화 작용에 의하여 유기물로 되돌아 가고, 다시 앞의 경로로 질산염이 되는 순환을 한다. 또 질산염의 일부는 음식으로 생물 체내에 받아들여져서 시체 또는 배설물로서 토양 속의 유기물로 되돌아가는 순환도 있다. 그러나 우리 경우에 중요한 것은 질산염으로부터 **탈질 작용**으로 대기중에 질소 분자가 방출되어 질소 순환이 완성되는 것이다. 이 때 일부가 N_2O로서 방출된다.

탈질 작용으로 질산염으로부터 질소분자가 생길 때, 어느 정도의 비율로 N_2O가 발생되는가는 토양 상태, 특히 그 산성도(pH값) 따위에 따라 다른데, 보통 농지인 경우는 약 6%가 N_2O로서 대기중에 방출된다고 한다. 이 정도의 N_2O로 마침 관측되는 오존 밀도를 설명하는데 필요한 질소 산화물이 성층권에 생긴다는 것이 모델 계산 결과 알려졌다.

2. 농업 비료의 살포와 성층권 오존

인간은 지금까지의 오랫동안에 걸친 농업 활동 중에서 어떤 종류의 물질을 비료로 토양에 더하면 농작물 수확이 증대한다는 것을 알았다. 예전에는 동물의 배설물이 비료로 사용되었는데, 그림 36을 보면 그것이 토양 속의 질산염이 되어 생물(이 경우에는 농작물인 식물)에게 받아들여져서 그것을 성장시킨다는 것을 알 수 있다. 그후 더 적극적으로 토양 속의 질산염을 늘리기 위해서 암모니아나 질산염 자체를 줌으로써 농작물의 수확을 비약적으로 증가시키는데 성공했다.

암모니아는 화학 원료인 니트로글리세린을 만드는데 필요하기 때문에 제1차 세계 대전중에 초석(硝石) 수입이 막힌 독일에서 공기와 물에서 대량으로 생성하는 방법이 고안되었다. 암모니아는 1개의 질소 원자와 3개의 수소 원자로 된 분자인데, 전자는 대기중에, 후자는 수중에 다량으로 존재한다. 그러나, 이것들은 보통 상태로는 반응하지 않는다. 독일 화학자 하버(Fritz Haber)와 보쉬(Carl Bosch)는 750도의 고온과 200기압의 고압 아래에서 이것들을 반응시켜 암모니아를 생성하는데 성공했다. 이것은 인공적으로 질소 고정을 시켜 공기 중의 질소 분자를 우리가 이용할 수 있는 형태로 만든 방법으로서는 아주 중요한 일이었다.

오늘날에는 촉매를 사용하여 상온·상압에서 암모니아를 공업적으로 생산할 수 있다. 암모니아의 공업 생산량은 토양 속에서 세균이 만드는 생산량과 맞먹으며 또한 해마다 급격하게 증가하고 있다. 그리고, 이 암모니아로부터는 질안(窒安)이나 황안(黃安)이라는 가장 널리 사용되는 농업 비료가 제조된다. 이들 비료가 토양에 살포될 때는 토양 속의 질산염이 증가하여 그에 의해서 탈질 작용으로 공기중에 방출되는 N_2O량도 증가하게 된다.

현재까지 질소 화학 비료에 의해서 대기중의 N_2O가 어느 만큼 증가했는가를 나타내는 자료는 없다. 대기중에는 N_2O가 이미 대량으로 존재하므로, 프레온의 경우와 달라 성층권 오존에 영향을 줄 만큼 N_2O가 증가하는 일은 갑자기 일어나지는 않는다고 생각되지만, 대기중의 N_2O량의 변화를 주의하여 지켜볼 필요가 있을 것이다. 모델 계산 결과에 의하면 N_2O가 현재의 2배가 되면 오존 전량은 6% 정도 감소한다.

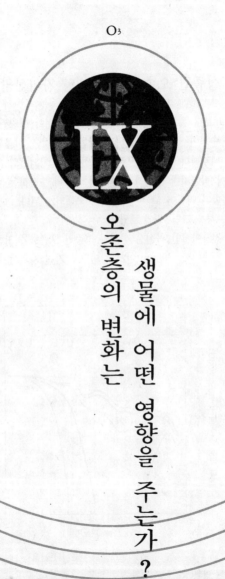

O₃

IX

오존층의 변화는 생물에 어떤 영향을 주는가?

1. 성층권 오존에 의한 태양 자외선의 차폐

300nm보다 짧은 파장을 가진 태양 자외선이 성층권 오존에 의해서 흡수되어 지상에 도달하지 않는다는 것은 지금까지 여러번 얘기한 대로이다. 성층권 오존에 의한 태양 자외선의 차폐 효과는 오존량이 적어지면 당연히 약해져서 지상에 도달하는 자외선 세기가 증가함과 더불어 그 파장 영역이 확대되게 된다. 그것이 어떻게 변화하는가를 그림 37에 보였다.

오존 전량이 1인 곡선은 현재의 성층권 오존량을 기준으로 하여 계산한 결과이며, 300nm 이하의 파장을 가진 자외선 세기가 아주

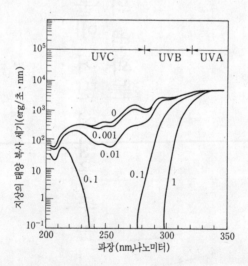

그림 37 오존 전량의 감소에 의하여 지표에 도달하는 태양 자외선 세기의 변화(숫자는 현재의 오존 전량을 1로 함)

작아서 지상에 도달되지 않는다는 것이 나타나 있다. 오존 전량이 10분의 1이 되면 차폐되는 파장 영역이 235nm에서 275nm 사이로만 축소된다. 또한 오존 전량이 100분의 1 이하가 되면 자외선 전부가 지상에 도달하게 된다.

자외선이 생물에 미치는 영향을 조사하는 데는 그 파장 영역을 320~400nm인 **장파장 자외선**(UVA), 280~320nm인 **중파장 자외선**(UVB), 280nm이하인 **단파장 자외선**(UVC)의 셋으로 나눠 생각하는 것이 편리하다.

이 중 생물에게 가장 유해한 UVC는 오존에 의한 흡수가 아주 강하기 때문에 성층권 오존에 의하여 완전히 흡수되어 지상에는 도달하지 않는다. 이 상태는 오존량이 극도로 작아지지 않는 한 변하지 않는데, 나중에 이 장의 제5항에서 얘기하는 것과 같이 지구 대기가 생긴 초기에는 오존이 극도로 적었기 때문에 UVC가 지상에 도달하여 생물의 진화에 큰 영향을 주었을 것으로 생각된다.

UVA는 오존 흡수를 거의 받지 않으므로 성층권의 오존량이 변화해도 지상의 자외선 세기에는 변화가 없다. 현재, 지상에는 UVA전부와 UVB일부가 도달되고 있는데, UVB는 여러 가지 자연 현상이나 인간 활동에 의한 성층권 오존의 변화에 대해서 흡수량이 크게 변하는 영역이므로 지상의 복사 세기도 그에 따라서 변하기 때문에 가장 중요하다.

오존 전량을 차례차례로 반으로 해갔을 경우에 지상에 투과되는 UVB의 비율이 어떻게 변하는가를 그림 38에 보였다. 이것은 위도 30분의 춘분(또는 추분) 때의 계산이며 일변화의 영향도 고려되어 있다. 이것을 보면 280nm까지의 자외선이 지상에 도달하기 위해서는 오존량을 16분의 1 이하로 줄일 필요가 있다. 실제로 그렇게 큰 감소는 좀처럼 일어날 것 같지 않지만, 오존량이 반이 되어 300~320nm인 UVB세기가 상당히 변할 수는 있을 것이다.

오존 전량의 변화율(%)과 지상의 자외선 세기의 변화율 사이에

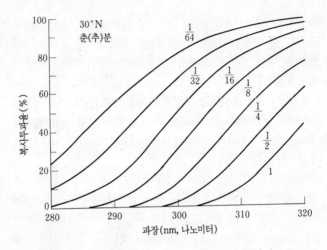

그림 38 오존 전량의 감소에 의한 UVB의 투과율 증가(숫자는 현재의 오존 전량을 1로 함).

는 어떤 관계가 있는데, 그것은 자외선의 파장 영역이나 위도에 따라서 다르다. 300~320nm인 UVB인 경우, 저위도에서는 후자는 전자의 약 1.2배, 고위도에서는 3.0배 정도이다. 지구 전체의 평균 값으로 2배의 값을 채용하면, 예를 들면 오존 전량이 10%가 감소한 경우, 세계적 평균으로 지상의 UVB가 약20%가 증가하게 된다.

2. 자외선의 식물이나 동물에의 영향

자외선이 식물에 미치는 영향 중에서 가장 잘 알려진 것은 **광합성**(光合成)에 대한 영향이다. UVB를 식물 잎에 쬐면, 일반적으로 엽록소가 감소되어 광합성이 억제되어 대부분의 식물에게 성장 장

애를 일으킨다. 또한 발육이 불충분하게 되어 덩굴 모양이 되는 경향이 있다. 그러나 이 때문에 식물은 말라죽지는 않는다. 농작물 생산에 대한 자외선의 영향은 식물 종류에 따라 다르고, 예를 들어 시금치처럼 잎을 먹는 것은 광합성이 쇠퇴하면 그것이 수확에 영향을 미치는데, 옥수수와 같이 열매를 먹는 것은 열매 성장 자체가 크게 억제되는 것은 아니다.

식물 성장에 대한 UVB의 저해 효과는 가시 광선이 있는 경우는 얼마간 완화된다. 그러므로, 야외에 비해서 가시 광선이 적은 실내에서 얻어진 실험 결과를 그대로 야외에서의 농작물 수량에 대한 영향을 추정하는데 사용할 수 없다. 야외 실험에서는 습도나 토양 등의 조건 차이나 다른 대기 오염 따위의 영향 등의 문제가 있는데, 일반적으로 지표에 도달하는 UVB가 증가하면 농작물 수량에 영향이 나타날 가능성이 있다. 그러나 UVB에 대한 식물의 감수성이나 저항성에는 종류에 따라 큰 차이가 있다. 그러므로 UVB의 증가는 여러 가지 식물 사이의 경쟁 관계에 영향을 주어 생태계에 큰 영향을 미칠 가성능이 있는 것으로 생각된다. 어떤 식물 또는 농작물이 저항성이 강한가는 앞으로의 연구 과제이다.

UVB의 증가는 식물성 플랑크톤의 광합성을 억제하므로 그 발육을 저해하고, 그것을 먹이로 하고 있는 수중의 여러 가지 동물에게 영향을 미친다. 새우나 게의 유충 사망률이 는다는 것이 보고되고 있고, 굴 등의 중요 해산물에도 피해를 줄지 모른다고 한다. 단지, 착색(着色)세균의 어떤 종처럼 저항력이 강한 것은 살아남을 비율이 크다. 어른 물고기에 대한 실험은 별로 되어 있지 않다.

육상 동물에 대해서도 그다지 실험 자료는 없지만 UVB가 늘면 소의 눈에 암이 생기기 쉽고 수명이 짧아지는 것과 돼지가 볕에 살갗이 더 타는 해(害)가 보고되고 있다. 그밖에 곤충에의 영향 따위는 아직 모르는 일이 많다.

3. 인체에의 영향
—피부암의 증가

자외선의 인체에의 영향으로서는 비타민D의 합성을 촉진하여 '구루병' 발생을 적게 하는 외에 여러 가지 피부병 치료나 의료 기구의 소독·살균에도 이용되고 있다. 또한 오존은 악취를 흡수하는 성질이 있으므로 사람이 없는 야간에 공중 변소 등에 적당량을 사용하여 악취를 제거하는데 이용할 수도 있다.

다른 한편으로, 자외선에 의한 피부 장애도 많다. 대량의 자외선을 쬐면 표피 세포 전체에 여러 가지 손상을 초래하고 세포의 증식 불능이나 면역성 감퇴, 피부암이나 백내장 발생률 증가 따위가 일어난다.

자외선에 의한 세포 손상은 생물의 유전자 구성 물질인 디옥시리보 핵산(DNA)에 손상을 주기 때문이라고 생각되고 있다. 그림 39에 보인 것과 같이 DNA는 오존과 거의 같은 260nm 부근의 자외선을 강하게 흡수하므로, 만일 성층권 오존에 의해서 이들 태양 자외선이 흡수되지 않고 지상에 도달한다고 하면 DNA는 그것들을 흡수하여 분해되고 파괴될 것이다. 이렇게 성층권 오존은 지상 생명에 본질적으로 필요한 DNA를 태양 자외선에 의한 파괴로부터 지켜주고 있다. 오존과 DNA의 자외선 흡수가 거의 같은 파장 영역에서 일어나는 것에 자연의 묘미를 보는 느낌이 난다.

인간의 피부 염증(햇볕에 피부가 타는 것)은 UVB 중에서도 파장이 짧은 것일수록 생기기 쉽다. 한편, 자외선 세기는 파장이 길수록 크기 때문에(그림 7 참조) 피부 염증이나 피부암 발생률에 가장 크게 영향을 미치는 것은 UVB 중에서도 중간쯤되는 주로 305~310nm 부근의 자외선 세기의 변화이다.

피부암에는 크게 나누어 두 가지 형이 있다. **비악성 피부암**은 장

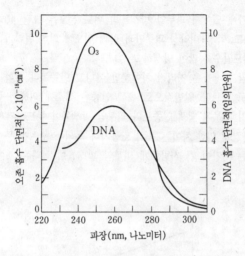

그림 39 오존 및 DNA의 흡수 단면적 스펙트럼.

시간 UVB에 드러난 부분에 서서히 성장되는 것이며 노인에게 특히 많이 생긴다. 발생률은 악성에 비해서 100배나 높은데, 치유되는 일이 많고 사망률도 적다. 이에 대해서 **악성 피부암**은 급속히 성장하여 다른 기관에도 퍼진다. UVB에 직접 드러나지 않은 피부에도 생기며 젊은 사람에게도 많이 볼 수 있다. 발생률은 적지만 사망률은 높아 40%에 이른다.

자외선에 의한 피부암 발생률은 자외선 세기와 피부의 자외선에 대한 노출 시간의 길이에 비례한다. 일반적으로 저위도에서는 태양 고도가 높고 바로 위에서 입사하는 데다가 오존 전량이 고위도보다 적고 성층권 오존에 의한 흡수가 적기 때문에 지상의 UVB가 세고 피부암 발생률도 클 것이다.

미국에서는 매년 수십만명에 이르는 피부암 환자가 발생하고 있는데, 특히 남부의 자외선이 강한 지방에서 많이 발생하고 있다. 북아메리카에 있어서 피부암 발생률의 위도 분포는 그림 40과 같이 되어 있고, 악성·비악성 피부암과 함께 위도에 의한 변화가 뚜렷하여 저위도일수록 많이 발생하고 있다.

피부암 발생률은 지리적 차이뿐만 아니고 인종차나 생활 환경에 따라서도 다르다. 일반적으로 유색 인종은 색소에 의해서 UVB가 흡수되기 때문에 백색 인종보다 피부암 발생률이 두드러지게 낮다. 생활 환경에 의한 차이는 옥외 노동자나 옥외 스포츠맨 등 햇빛에 드러나는 시간이 긴 사람에게 피부암 발생률이 높다는 것이 알려져 있다.

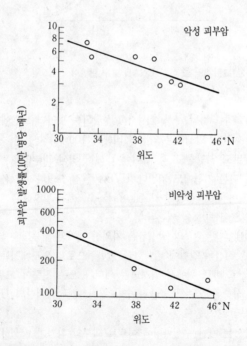

그림 40 북아메리카에 있어서의 피부암 발생률의 위도 분포.

노르웨이나 스웨덴과 같은 북유럽 여러 나라에서 피부암 발생률이 근년에 와서 이상적으로 증가하고 있어서 성층권 오존이 감소된 때문이 아닌가 여겨지고 있다. 확실히 햇빛이 약한 이들 나라에서는 사람들이 옥외에 나가서 일광욕을 하는 시간이 길다는 것과 관계가 있는지 모른다. 특히 근년에 와서 성 해방 기운에 자극되어서인지 젊은 남녀가 전라로 햇빛을 쬐고 있는 광경을 흔히 볼 수 있다. 퍽 이전 일이지만 오슬로 대학 교수집에 저녁 식사에 초대되었을 때, 보트로 작은 무인도에 가서 바위 그늘에서 일제히 전라로 되어 있는 남녀(교수도 그중 한 사람) 사진을 보고 놀란 일이 있다. 어쨌든 옥외에서 직접 햇빛에 몸을 드러내는 기회가 많아지면 피부암 발생이 늘어나는 것은 사실이다.

성층권 오존 감소에 의해서 생기는 피부암이 늘어나는 따위의 해를 방지하기 위해서 프레온 규제에 대신하는 대안이 뭔가 없는가 하는 것이 백악관에서 논의되었을 때에 어떤 미국 고관이 '옷으로 완전히 몸을 싸고 선글라스를 쓰면 된다'고 하는 제안을 하여 '물고기에게 어떻게 안경을 씌우는가?' 하고 신문이 깎아내린 일이 있었다.

성층권 오존이 줄었을 때에 어느 만큼 피부암이 늘어나는가 하는 수량적 관계에는 최종적 결론을 낼 수 있는 단계는 아니다. 그러나 일단의 기준으로 앞에서 얘기한 성층권 오존이 10%가 감소하여 지상의 UVB가 20%가 증가한 경우에, 악성 피부암이 30%, 비악성 피부암이 40% 정도 증가할 것이라고 한다.

또한, 예전부터 해안이나 산에는 오존이 많아서 건강에 좋다고 하고, 오늘날에도 가끔 분양지 광고에서도 볼 수 있다. 이것이 잘못되었다는 것은 도시에서의 광화학 스모그의 장본인은 배기 가스가 광화학 반응에 의해서 만드는 오존이라는 것이 알려진 것에서도 명백하다. 이런 사실이 거론되는 것은 해안이나 산에서는 먼지가 적기 때문에 공기가 깨끗하고 직사 일광(자외선과 가시광선을 포함한다)이 강하여, 평소에 공기가 더럽고 햇빛이 비치지 않는 도시에서 생활하고 있는 사람이 교외에서 햇빛을 쬐는 것은 건강에 좋다는 것일 것이다. 그러나, 그것도 도가 지나치게 햇빛에 쬐면 과도하게 살갗이 타서 좋지 않다는 것은 해수욕이나 등산 경험이 있는 사람이라면 누구나 아는 대로이다.

최근 일본에서 유행하는 '일광욕 살롱' 등에서도 특히 유해한 UVB를 제거한 자외선을 사용하여 서서히 피부를 태우게 한 곳에서는 문제가 없지만 너무 갑자기 대량으로 쬐는 것은 좋지 않다.

4. 공룡 절멸에 관계가 있는가?
—우주선과 성층권 오존

태양으로부터는 자외선 등의 전자기파 외에 프로톤(전하를 띤 수소 원자)이나 일렉트론(전자) 등의 하전 입자가 지구로 날아오고 있다. 이들 입자의 에너지는 보통 중층 대기까지 침입할 만큼 크지 않지만 태양면에 폭발이 일어났을 때에는 에너지가 높은 입자가 발생한다. 이들 태양으로부터 날아오는 고에너지 입자는 **태양 우주선**이라고 불리며, 태양의 흑점 부근의 강한 자기장의 변동으로 가속된 것이다. 1000만eV의 에너지를 가진 우주선 입자가 대기의 바로 위에서 침입하는 경우는 대략 60km 높이까지 들어올 수 있다. 30km의 성층권에 이르는 데는 1억eV의 에너지를 필요로 한다. 또한 지상에까지 이르는 데는 10억eV 이상의 고에너지를 가진 것에 한정된다. 태양 우주선인 경우는 수천만eV보다 큰 에너지가 되는 것은 드물지만, 나중에 얘기하는 은하 우주선(銀河宇宙線)인 경우에는 족히 지표면에 이르는 고에너지의 것이 지구에 쏟아지고 있다.

고에너지 우주선이 질소 분자에 부딪치면 이온화를 일으켜 질소 분자의 이온이 생긴다. 이 이온이 일렉트론과 재결합하여 전하를

잃을 때, 2개의 질소 분자가 생겨 거기에서 질소 산화물이 만들어진다. 이렇게 하여 태양 우주선에 의해서 질소 산화물이 생기는 것은 보통은 중간권보다 위의 높이에서인데, 태양면에 큰 폭발이 일어날 때에는 아주 에너지가 높은 태양 우주선이 나오기 때문에 성층권에까지 질소 산화물을 만들 수 있어서 성층권 오존을 감소시키는 원인이 될 수 있다.

우주선은 전하를 띠기 때문에 지구에 침입할 때, 지구 자기장으로 휘어져서 오로라가 생기는 고위도에 들어가게 된다.

지구는 북극과 남극 근처에 극을 가진 큰 자석으로 되어 있다. 그 원인은 지구 중심에 있는 핵 속에서 일어나는 유체 운동(실제는 고체인데, 고압 아래에서 장시간에 걸쳐 보면 유체적인 운동을 한다)에 있는데, 이 운동이 때때로 역전하여 남북 자기극이 역전하는 일이 있다. 이 과도기에는 지구 자기의 방향성이 상실되어 그 세기도 약해지므로, 우주선을 고위도에서 휘게 하는 힘이 없어짐과 함께 하층에까지 침입할 수 있게 된다. 과도기라고 해도 수천년간이 되기 때문에 이 기간에 큰 태양면 폭발이 일어나면 세계적으로 성층권 오존이 줄어서 유해한 자외선이 지상에 도달하게 된다.

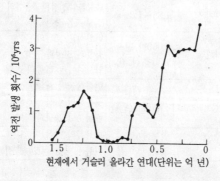

그림 41 각 연대에서 지구자기 역전이 일어난 횟수.

연대	기	기 간	생물의 발전상황
선캄브리아기		6~46억 년 전	원시 무척추동물 세균 등 서식(30억 년 전)
고생대	캄브리아기	5~6억 년 전	삼엽충 얕은 바다에서 서식 초기의 화석 발견
	오르도비스기	4.4~5 〃	기후 온화 최초의 수중 식물 출현 바다속에 산호류 풍부
	실루리아기	4~4.4 〃	얕은 바다에 해조류 번성 최초의 육생 식물 출현
	데본기	3.5~4 〃	담수어의 발전 양서류의 증가 곤충의 번식
	석탄기	2.7~3.5 〃	양서류의 전성 시대 겉씨식물의 출현 파충류의 출현
	페름기	2.25~2.7 〃	해수·담수생 풍부 조산 운동이 완성하게 됨 양서류의 태반이 소멸
중생대	트리이아스기	1.8~2.25 〃	세계적 사막 시대 파충류의 증가
	쥐라기	1.35~1.8 〃	파충류의 전성은 파충류의 전성 시대 원시 조류 출현
	백악기	7,000만 년~ 1.35억 년 전	현화식물·조류의 증가 공룡과 전성과 절멸 암모나이트, 해룡의 절멸
신생대	제3기	300만 년~ 7,000만 년 전	현화식물의 완성 포유류의 발전 매머드의 융성과 사멸
	제4기	현재~ 300만 년 전	포유류의 번식 인류의 등장(50만 년 전)

표 4 지질시대와 생물의 발전·소멸의 상황.

　지금까지 어느 정도의 비율로 지구 자기의 역전이 일어났는가를
보면, 그림 41에 보인 것과 같이 7500년에서 1억 1000만 년 전
사이에는 거의 역전이 일어나지 않고, 그 뒤에 갑자기 빈번히 일어
났다는 것을 알 수 있다. 이 역전이 일어나지 않았던 시대는 중생
대의 백악기에 해당하여 공룡이 전세계에 번식하여 전성을 자랑하
던 시대이다.

　표 4에 여러 가지 지질 연대의 생물이 발전한 상황을 보였는데,
고생대의 석탄기에 나타난 '파충류'는 중생대에 들어가 발전·증가
하여 쥐라기에 전성 시대를 맞이한다. '파충류'의 일종인 공룡은 닭
만한 것에서 발달하여 큰 것은 길이가 30m, 무게가 30~40t에
이르는 것까지 출현하여 백악기에는 전세계에 서식하여 영원히 지
구의 왕자가 될 것 같이 보였다. 그런데 백악기 말기에 그것이 갑
자기 전세계에서 모습을 감추고 절멸되어 버렸다(그림 42).

　공룡 절멸 원인에는 여러 가지 것이 생각되고 있다.

　예를 들면 지각 변동에 따라서 육지와 바다의 분포가 변하고, 거
기에 기후의 대변화가 일어났기 때문이라거나, 소동물이 늘어서 공
룡 알을 모두 먹어 치웠기 때문이라거나, 역병이 유행하였기 때문
이라거나 여러 가지로 거론되고 있는데 모두 단기간에 전세계로
부터 모든 공룡이 사라진 사실을 설명하는 데는 적당하지 못하다.
뭔가 지구 밖으로부터 단번에 전지구를 휩쓴 천재가 있었다고 하
는 '외인설(外因說)'이 매력적이고, 종전에도 우주선의 급증에 의하
여 방사선으로 당했다는 설이 있었다.

　우리는 앞에서 백악기 말기에 지구 자기의 역전이 갑자기 많아
졌다는 것을 알았다. 이 기간에 거대한 태양면 폭발이 일어나면 성
층권 오존이 전지구에 걸쳐 감소하여 공룡의 절멸을 불러 일으켰
는지도 모른다. 또한 더 큰 성층권 오존 감소를 일으킬 가능성으로
태양면 폭발보다도 우주로부터 날아오는 은하 우주선을 생각할 수
도 있다.

그림 42 백악기에 전지구에서 번영을 자랑했던 공룡도, 성층권 오존 변화로 절멸하였을까?

은하 우주선은 밤낮의 구별이 없이 우주 저쪽에서 지구에 내리쏟는 고에너지 입자로 아주 강력한 것은 지면 깊숙이까지 관통한다. 보통은 그 양이 적으므로 성층권 오존에 영향을 주지는 않지만 초신성(超新星)이 폭발하는 때에는 이상적으로 대량의 고에너지 입자를 사방으로 뿌리므로 영향이 있을지도 모른다. **초신성 폭발** 후에 그 영역에서 계속해서 발생되는 방사성 물질은 은하 우주선 (보통은 단지 우주선이라고 한다)의 기원이라고 믿어지고 있다. 이러한 폭발은 평균 600년에 한 번 쯤의 비율로 우주 어디에서 일어나고 있고, 추정에 의하면 1억 년에 한 번은 태양계 근처(32.6광년의 거리 이내)에서 일어날 수도 있다고 한다. 그렇다고 하면 지구는 그후 수백년은 우주선의 이상 증가를 만나게 된다.

표 4를 보면 고생대에서 중생대로 바뀌는 직전인 폐름기에 양서류 태반이 사멸한다는 이변이 일어났다. 또한 신생대의 제3기 말기에는 매머드가 사멸하였다. 이들 모두가 성층권 오존 변화로 일어났다고 할 수는 없지만, 이 가설은 오존층과 지상의 생명 관계를 시사하는 흥미 있는 추론이라고 생각한다.

공룡 절멸에 관한 학설은 최근에 여러 가지가 나오고 있다.

캘리포니아 대학 버클리 분교의 앨버레즈(L. W. Alvarez)는 1980년에 아이슬랜드나 이탈리아에 있는 백악기 지층에서 지구에는 적은 이리듐이 이상적으로 고밀도로 발견된 데서, 이 시대에 거대한 운석 또는 유성이 이 지점에서 지구에 충돌했다고 생각하였다. 그 결과, 막대한 양의 분진이 날아올라서 그 대부분이 성층권에까지 이르러 전세계를 수년 동안 덮었기 때문에 태양 광선이 지상에 도달하지 않고 광합성이 정지하여 세계의 식량 공급 고리가 완전히 파괴되었다고 생각된다. 공룡과 같은 거대한 몸체를 가진 동물은 이렇게 장기에 걸친 식량 결핍이나 암흑과 극저온이라는 조건에는 특별히 약해서 절멸했을 것이라고 하고 있다.

그러나, 이러한 '외인설'로는 설명할 수 없는 것도 몇 가지 있는 것이 사실이다.

예를 들면, 생물 절멸의 다양성이나 공룡 절멸이 몇 년 사이에 일어난 것이 아니고 상당히 장기에 걸쳐서 일어났다는 것 등이다. 이런 점에서 지구의 내부 활동, 특히 활발한 화산 활동으로 아황산 가스(SO_2)나 염화수소(HCl) 등의 가스나 화산재가 대량으로 대기 중에 분출했다고 하는 '내인설(內因說)'로는 화산 활동 격화는 장기 간에 걸쳐서 일어날 수 있고, SO_2는 산성비를 일어나게 하고, HCl 은 성층권에 들어가서 오존층을 파괴하는 등 다양한 영향을 일으키므로 생물 사멸의 다양성을 설명하는 데도 편리하다.

백악기에서 제3기로 옮길 무렵의 화산 활동은 사실로는 상당히 심했던 것 같다. 최근의 발견에 의하면, 인도 서부의 데칸트랩(Decean Trap)이라는 현무암(玄武岩)의 거대한 대지는 장기간 침식을 받은 현재도 일본의 혼슈(本州)의 2배 정도의 크기 는 되는데, 정확한 연대 측정 결과, 겨우 100만 년 사이에 분출되 어 생겼다는 것이 알려졌다. 이러한 초대규모적인 화산 분화는 분 진을 다량으로 대기중에 뿜어 올리므로 거대 운석의 충돌과 같은 효과를 불러일으킨다는 것이 예상된다. 또한 초대규모적인 화산 활 동이라도 이리듐의 농축이 일어날 수 있다는 것을 시사하고 있다.

이렇게 1980년대에 들어와서, 한때 확실하다고 생각되던 '거대 운석 충돌설'도 최근의 '초대규모 화산 활동설'의 출현에 의해서 반 드시 확정적이 아니고 공룡 절멸의 진짜 원인은 아직 모르는 상황 에 있다.

5. 오존층의 진화

앞(26쪽)에서 얘기한 것같이 초기의 지구 대기는 화산 가스 로서 땅속 깊은 곳에서 분출한 것이므로 그 속에 오존이 없다는 것은 명백하다. 오존 생성의 바탕이 되는 산소 분자도 화산 가스에는 함유되어 있지 않은데, 이것은 식물의 광합성 작용으로 엽록소가 태양의 가시 광선을 받아서 물과 이산화탄소로부터 탄수화물(당류)을 만들 때에 생성된다.

광합성은 바다 속의 플랭크톤 따위의 조류에서도 일어나므로 오존층이 없어 육상 식물이 발달되지 못하는 때에도 이들 바다 속 조류로부터 산소 분자가 발생하였을 것이다. 바닷물은 태양 자외선을 흡수하므로, 어떤 깊이보다 깊은 곳에서는 생물을 위험한 태양 자외선으로부터 지킬 수 있다. 이렇게 하여 처음으로 광합성을 하였다고 생각되는 조류의 미화석(微化石)이 30억 년이나 오래된 지층에서 발견되고 있다(표 4참조).

현재, 지구상에서 광합성에 의해서 생산되는 산소 분자의 양은 매년 2.66×10^{11}t에 이르며 현재의 대기중의 산소 분자량($1.18 \times X^{15}$t)을 400년 남짓으로 생산할 수 있는 양이다. 동물의 호흡 작용으로 이산화탄소로 되돌아가거나, 여러 가지 것을 산화하는데 사용되어 잃어지는 것 등의 영향을 생각해도 산소 분자는 지구 나이에 비해서 아주 짧은 기간에 현재의 수준에 이르고 그 이후는 증감없이 평형을 유지했다고 생각된다. 적어도 과학적 측정이 시작한 이래 대기중의 산소 분자의 수준이 변화했다는 증거는 없다.

지구 역사의 초기에 산소 분자가 늘어나서 어느 정도의 오존층이 생기면 바다 속에서만 살 수 있었던 생물이 육상에서도 살 수 있게 된다. 그러므로, 처음에 육생 식물이 출현한 4억 년쯤 전(표 4참조)에는 산소 분자의 양이 상당한 정도에 이르렀다고 생각된다. 산소 분자의 양을 현재의 10분의 1씩 줄였을 때에 오존 밀도의 분포가 어떻게 되는가를 모델 계산한 결과를 그림 43에 보였다. 수증기나 메탄 등의 양도 지구 초기에는 현재와 상당히 달랐을 것인데, 이 모델에서는 변화시키지 않았으므로 지구 초기 상태를 반드시 올바르게 나타내고 있다고는 할 수 없지만, 산소 분자가 1000

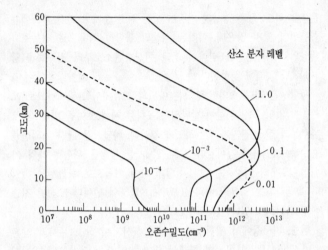

그림 43 산소 분자량이 현재의 대기보다 적은 경우의 오존 밀도 분포(1은 현재의 대기인 경우).

분의 1이 되면 오존량이 갑자기 적어지는 것을 알 수 있다.

지상의 생물이 살아갈 수 있는 극한의 오존량을 현재의 오존량의 10분의 1정도라고 하면, 오존이 그 정도의 양이 되는 것은 산소 분자가 현재량의 1000분의 1(10^{-3}) 정도 이하가 생겼을 때라는 것이 그림 43에서 알 수 있다. 언제쯤에 산소 분자가 그러한 값에 이르렀는가는 그다지 알려져 있지 않지만 화석 연구 등으로부터 대략 10억 내지 30억 년쯤 전이라고 생각되며, 그 이후 산소 분자 수준은 급속히(10억 년 전에는 서서히) 불어나서 현재값에 이르렀을 것이라고 생각되고 있다.

6. 화성 대기에도 오존이 있다

현재 지구 이외의 행성에서 오존의 존재가 관측되고 있는 것은 화성뿐이다. 화성 대기에는 산소 분자는 겨우 0.15%밖에 없지만 95%나 되는 이산화탄소(CO_2)의 해리로 산소 원자가 생성되므로 오존이 생긴다.

화성은 지구에 비해서 반지름이 약 반, 질량이 10분의 1로 상당히 작아서 대기도 적다. 또한 화성 표면의 평균 온도는 섭씨 −70도 정도로 아주 낮고 대기의 주요 성분인 이산화탄소가 드라이아이스로서 극지방에 대량으로 빙결되어 있으므로 대기는 아주 엷고 표면 기압은 10mb 정도이다. 이것은 지구 대기의 30km 높이의 기압에 상당한다. 그러므로 기압에 관해서 말하면, 화성 표면은 마치 지구 성층권과 같고 오존은 화성 표면 가까이에 많이 존재한다. 또 대부분의 화성 오존은 고위도에 있고, 더욱이 겨울 고위도에서는 여름의 고위도의 100배나 많이 관측되고 있다. 그러나, 가장 많을 때라도 화성 오존은 지구의 100분의 1 정도밖에 안되므로 오존이 화성 대기 가열에 기여하는 일이 없고, 또한 지구와 같은 성층권도 화성에는 형성되지 않는다.

화성의 오존량의 큰 계절 변화나 위도 변화는 수증기 변화에 밀접한 관계가 있다. 겨울의 고위도에서는 기온이 섭씨 −100도 이하나 내려가기 때문에 이산화탄소나 수증기는 얼어서 드라이 아이스나 얼음이 되어 지구에서 보면 극지방이 흰 모자를 쓴 것같이 보인다(그림 44 참조). 이때문에 대기는 극도로 건조하여 있어서 수증기는 거의 없고 오존의 촉매 작용으로 작용하는 수소 산화물이 거의 생기지 않는다. 그런데, 여름 고위도에서는 일사가 강하기 때문에 얼음이 녹아서 증발에 의하여 생긴 수증기로부터 태양 자외선 작용으로 수소 산화물이 생겨서 그 촉매 작용으로 오존이 아주 적어진다.

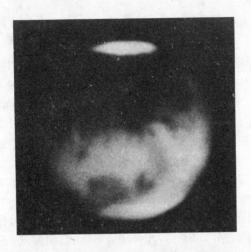

그림 44 화성에서 겨울의 극지방은 드라이아이스와 얼음으로 하얗게 덮여 있다[교토(京都)대학 하나야마(花山) 천문대·이와자키 (岩崎恭輔)씨 제공].

화성의 오존이 저위도에는 거의 없고 고위도에서만 볼 수 있는 것도, 일반적으로 저위도는 온도가 높고 수증기가 많기 때문이다. 화성의 수증기량은 지구 성층권과 같은 정도로 그다지 많지 않은 데도, 이렇게 화성의 오존의 큰 계절 변화나 위도 변화가 수증기량과 밀접한 역상관(逆相關) 관계에 있다는 것은 수소 산화물에 의한 오존 소멸의 촉매 작용이 얼마나 효율적으로 행해지는가를 나타내고 있다.

화성에서는 기압이 낮기 때문에 태양 자외선의 대부분이 표면에 도달된다. 따라서, 지구에서 볼 수 있는 형의 생물은 화성 표면에서는 살 수 없고, 또한 바다도 없으므로 지구 초기에 해양 속에 발전한 것과 같은 생물도 없는 것은 명백하다. 이것은 1977년에 미국의 건국 200년을 기념하여 실시된 우주 비행선 '바이킹호'에 의한

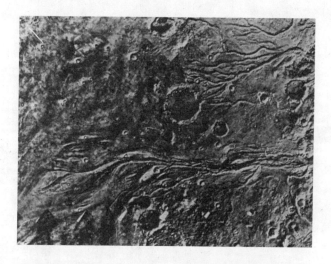

그림 45 과거에 화성 표면에는 강이 흐르던 흔적이 있음(화성 탐사기 바이킹호에 의한 근접 촬영, 거의 300km 사방 영역을 나타냄).

화성 탐사 결과에서도 입증되었다.

바이킹호는 화성 주위를 도는 위성이 되어 거기에서 화성 표면 두 곳에 관측기를 착륙시켜 각 곳의 토양을 조사하였는데 아무런 생물 활동도 발견할 수 없었다. 그러나, 그림 45에 보인 것같이 화성 표면에서는 과거에 강이 흘렀던 흔적이 있고, 현재라도 표면에서 깊이 밑으로 들어가면 수분이 있을 가능성이 있으므로, 장소에 따라서는 어떤 형태의 생명이 존재할 가능성을 부정하지 못한다.

현재 계획되고 있는 미국과 소련의 협동에 의한 화성 탐사에서는 화성 표면을 로봇을 사용하여 넓은 범위에 걸쳐 이동하여 관측하게 되어 있어서 혹시 어떤 형태의 생명 흔적이 가까운 장래에 화성상에서 발견될지도 모른다.

O₃

X

오존층 감소는 기후에 어떤 영향을 주는가?

1. 대기의 열수지는 어떻게 되어 있는가?

1년이라는 긴 주기로 되풀이되는 대기 상태를 **기후**라고 한다. 이에 대해서 하루나 1주일과 같이 짧은 시간의 대기 상태를 **날씨**라거나 **일기**라고 한다. 날씨는 일반적으로 한정된 지역에 사용되는데, 기후는 상당히 넓은 영역을 대상으로 사용되는 일이 많다. 우리가 여기에서 문제로 하는 것은 지구 전체의 기후 변화이다.

기후를 결정하는 요소에는 일조(日照)·일사(日射)·기온·습도·구름·강수량·기압·바람 등 여러 가지가 있는데, 대기의 가열·냉각에 관한 열수지가 가장 중요하며, 기온이나 기압 분포나 그들의 지역차로부터 생기는 바람 등도 결국은 대기의 정량의 가열률(가열률에서 냉각률을 뺀 것)이나 그 불균일한 분포에 의해서 생긴다. 즉, 지구 규모의 기후 분포는 지구 표면과 그것을 둘러싸는 대기의 열수지 결과에 의해서 생기는 것이다.

지구를 데우는 궁극적인 열원(熱源)은 태양으로부터의 열복사이며, 그 세기는 6000도라는 높은 온도의 흑체 복사에 해당한다. 이 복사는 그림 7에 보인 것처럼, 청색 근방의 비교적 파장이 짧은 가시부에서 가장 세기 때문에 **단파 복사**(短波輻射)라고 부른다. 태양으로부터의 단파 복사가 어떻게 지표나 대기의 열수지에 관계되고 있는가를 보인 것이 그림 46이다.

입사한 단파 복사의 에너지를 100이라고 하면, 이 중 지구 표면에는 26이 도달하는데, 4는 반사되어 우주 공간으로 되돌아가므로 지면에 흡수되어, 직접 지표면을 데우는데 쓰이는 것은 22이다. 대기중에서 공기 분자나 에어로졸 입자와의 상호 작용에 사용되는 에너지는 34인데 그 중 16이 대기에 흡수되고 나머지는 대기로 산란되어 11이 지표면에, 7이 우주 공간으로 복사된다. 구름에는 가

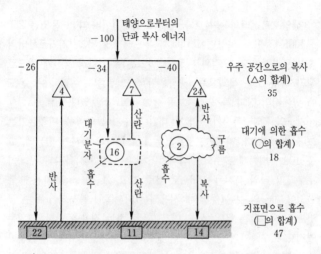

그림 46 지구의 열수지(태양의 단파 복사에 의한 부분).

장 많은 에너지인 40이 쏟아지는데, 그중 24는 우주 공간에 반사되고, 14가 지면에 복사된다. 그리고 구름 자체에 흡수되는 것은 겨우 2이다. 이것들을 종합하면 처음의 100인 에너지 중에서 지면에 흡수되는 에너지는 그림 46의 사각 부분에서 합계 47이 되고, 대기나 구름으로 흡수되는 것은 ○표의 18이다. 또한 삼각표로 보인 것의 합계 35가 우주 공간에 되돌아오게 된다. 즉 35%의 에너지가 우주 공간에 반사되어 되돌아가고 있다. 이것을 지구의 **알베도**(albedo : 반사능)가 35라고 한다. 알베도는 우주 공간에서 본 지구의 밝기를 나타내며, 구름 두께나 분포 및 극지방의 얼음 확대 따위에 따라서 변한다.

태양 복사의 세기는 크지만, 지구는 태양으로부터 먼 거리에 있으므로 지구에 도달하는 태양 복사의 세기는 상당히 약해져 있다. 이에 대해서 지구 표면이나 대기 자체로부터의 복사는 거리에 의한 약화가 없으므로 지구상에서는 그들의 복사에 의한 에너지 쪽이 태양으로부터의 복사보다 커진다. 지표면이나 대기 온도는 250 ~300K 정도로 태양면에 비해서 두드러지게 낮고, 거기로부터의 복사는 파장이 긴 근적외부(5~15미크론)에서 가장 강하게 되므로 **장파 복사** 또는 **적외 복사**(赤外輻射)라고 부른다. 여러 가지 온도에 있어서의 장파 복사 스펙트럼을 그림 47에 보였다.

지구의 장파 복사가 어떻게 대기 열수지에 영향을 미치는가는 그림 48과 같다. 지표면으로부터는 114의 적외 복사가 있는데, 그 중 109가 대기에 흡수되고 나머지 5가 우주 공간에 복사된다. 대기로부터의 적외 복사는 156으로 아주 크고, 그 중 96은 지표에 복사되어 지구의 보온(保溫)에 사용되는데 위쪽에 복사되어 우주 공간으로 상실되는 60은 상층 대기를 냉각하는 작용을 한다. 그외는 열전도나 수증기의 응결에 의한 숨은열로서 지표에서 대기에 운반되는 열이 각각 11과 18이 있다. 이들을 종합하면 우주 공간에 복사되는 장파 복사의 에너지는 65로, 앞에서 얘기한 우주 공간으로 반사되는 단파 복사(알베도)의 35와 합쳐서 꼭 100이 되며 대기 상단에서의 열수지가 균형된다. 또한 대기나 지표면에서의 장파 복사 에너지 수지는 그림 48의 사각이나 원의 숫자의 총계로 보인 대로 각각 그림 46의 숫자와 일치하여 부호가 반대로 되어 있으므로 대기도 지면도 열적으로 평형을 유지하게 된다.

지구 대기나 지표면으로부터의 적외 복사 에너지는 그림 46이나 그림 48에 보인 열수지의 각 프로세스 중에서 가장 크다. 그때문에 지구 대기의 온도를 결정하는 직접 요소는 태양의 단파 복사가 아니고 지구의 장파 복사가 된다. 따라서, 예를 들면 태양면 폭발 따위로 태양으로부터의 단파 복사가 갑자기 증가해도 지구 온도가 금방 높아지지는 않는다. 이런 점에서 화성 등의 엷은 대기에서는 대기 분자로부터의 장파 복사가 적으므로 태양으로부터 단파 복사의 변동에 의하여 대기 온도가 직접 변동되는 율이 크다. 또 화성에서는 표면에서의 열복사가 대기에 그다지 흡수되지 않고 우주

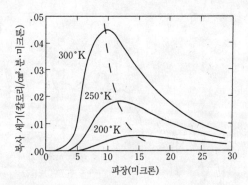

그림 47 지표면 및 대기의 여러 가지 온도에서의 장파 복사의 스펙트럼.

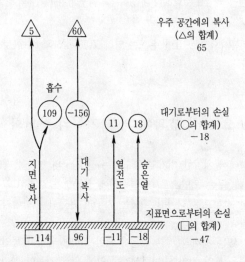

그림 48 지구의 열수지(지구의 장파 복사에 의한 부분).

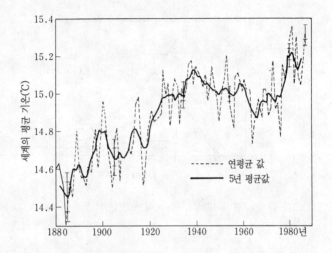

그림 49 최근 110년간에 있어서의 지구의 평균 기온의 변화.

공간에 복사되므로 표면 온도는 영하 70도 정도의 아주 낮은 온도
가 된다.

2. 온실 효과에 의한 지구의 온난화

앞 항에서 얘기한 대기의 열수지는 전 지구의 연간을 통한 평균
상태인데, 무슨 원인으로 이 열수지에 불균형이 생겨서 그것이 해
마다 한 방향으로 나아갈 때에는 지구의 온난화나 한랭화가 일어
나게 된다.

그림 49는 세계의 평균 기온이 최근 100년 남짓한 동안에 변화
한 모습을 보인 것이다. 이 1세기 동안에 평균 기온이 약 1도 상승
하고 있는데, 1940년경부터 1970년경까지는 오히려 기온이 내려가

고 있다. 이때문에 1970년경에는 지구가 긴 눈으로 보아 빙하 시대로 향하고 있다고도 주로 주장되었다. 그런데, 1970년대의 중기부터 기온이 다시 올라가고, 특히 1980년대에 들어가서 그 상승경향이 급속해졌다. 이 최근에 있어서의 급격한 기온 상승은 대기중의 이산화탄소의 증가에 의한 것임이 점차 밝혀지고 있다.

그림 47에 보인 것같이 지표면으로부터의 장파 복사는 $5 \sim 15\mu$의 적외선 영역에서 강한데, 그림 25를 보면 이 영역에서는 이산화탄소의 $13 \sim 15\mu$이나 수증기의 $5 \sim 7\mu$의 강한 흡수가 있다. 이때문에 지표면으로부터의 적외 복사는 대기중의 이산화탄소나 수증기에 의해서 강하게 흡수되는 한편, 에너지를 얻은 경우에는 이들 가스로부터는 같은 파장의 적외선이 복사된다. 이산화탄소나 수증기에 의해서 흡수되어 재복사되는 적외 복사가 얼마나 열수지에 중요한 구실을 하고 있는가는 그림 48에 보인 이들 에너지값이 각각 109와 156과 같이 큰 데서도 상상할 수 있다.

이산화탄소나 수증기는 이렇게 지표면으로부터의 적외 복사를 흡수·재복사하여 지구에 되돌리는 구실을 하고 있고 그것들이 우주 공간으로 달아나는 것을 억제하고 있다. 다른 한편, 이들 가스는 태양으로부터 오는 단파 복사에 상당하는 파장으로는 흡수되지 않으므로 그것을 통과시켜서 단파 복사에 의한 지표면의 가열은 방해하지 않는다. 이러한 이산화탄소나 수증기에 의한 지표면이나 하층 대기의 보온 작용은 온실에서의 유리 작용과 같으므로 **온실 효과(溫室效果)**라고 부른다. 온실 유리는 단파 복사를 통하여 장파 복사를 흡수·복사하는 작용 외에 대류에 의해서 열이 달아나는 것을 방지하고 있다. 대기인 경우에는 대류권 계면이 그 구실을 하고 있다고 하겠다.

지구 대기중의 이산화탄소량은 현재 350ppm 정도의 혼합비인데, 19세기 초에 세계적 공업화가 일어나기 전에는 270ppm 정도였다고 믿어지고 있다. 현재의 화석 연료(석유나 석탄) 소비에 대한 증가율이 계속되면, 2030년에는 대기중의 이산화탄소량이 600 ppm에 이르고 공업화 이전의 2배 이상이 된다고 예상되고 있다. 이러한 대량의 이산화탄소의 증가는 온실 효과에 의하여 지구 온도를 상승시켜 이른바 온난화를 초래하게 된다. 모델 계산 결과에 의하면, 이산화탄소가 2배가 되면 지구의 평균 기온이 3도가 올라간다고 한다.

대기의 온실 효과는 이산화탄소나 수증기뿐만 아니라 적외 영역에 흡수 밴드를 가진 모든 분자, 또는 구름이나 에어로졸 입자에 의해서도 일어난다. 높은 산 위에서 흐린 날이 개인 날보다 밤에 따뜻한 것은 구름이나 안개 입자에 의한 적외 복사 때문이다.

여러 가지 미량 성분의 분자가 인간 활동에 의해서 증감하는 양을 정확하게 아는 것은 어렵지만, 일례로서 지구 대기의 분자 중 전형적인 것에 대해서 각각에 가정된 변화량에 대한 온실 효과를 모델 계산한 결과를 표 5에 보였다. 오존인 경우는 밀도가 감소한다고 가정하여 계산하였으므로 지표면 온도는 강하하고 있다.

온실 효과에 의해서 지표면 온도가 올라가면 몰의 증발이 늘어나서 수증기가 증가한 결과, 더욱 온실 효과가 커져서 기온을 올리는 작용과 구름이 늘어나서 알베도가 증대하여 기온을 감소시키는 작용을 한다. 일반적으로 결과가 원인의 일부 또는 전부에 영향을 주는 작용을 **피드백**(feed back)이라고 한다. 지금의 예에서는 전자와 같이 원인의 변화가 증폭되는 경우를 양의 피드백, 후자와 같이 억제되는 경우를 음의 피드백이라고 한다. 표 5의 계산에서는 수증기의 변화에 대한 양의 피드백이 고려되어 있는데, 구름의 상태 변화에 따른 음의 피드백은 고려되어 있지 않다. 표 5에서 계산된 수증기에 의한 큰 온실 효과는 이들 피드백을 다루는 방식에 어느 정도 영향을 받고 있는지도 모른다.

실제의 온실 효과에 의한 지표면 온도의 증가는 여러 가지 분자에 의한 것의 총계이다. 표 5의 계산으로는 어떤 분자에 대해서는

분자	흡수대 (μm)	기준량	증가율 (배)	온실 효과 (K)
이산화이질소(N_2O)	7.78	0.28ppm	2	0.68
메탄(NH_3)	7.66	1.6 ppm	2	0.28
암모니아(HNO_3)	10.53	6 ppb	2	0.12
질산(HNO_3)	5.9	1 ppb	2*	0.08
	7.5			
	11.3			
프레온(CFC12)	9.13	0.1 ppb	20	
	8.68			
	10.93			0.54
프레온(CFC11)	9.22	0.1 ppb	20	
	11.82			
수증기(H_2O)	6.25	3 ppm	2*	1.03
이산화탄소(CO_2)	13~15	330ppm	1.25	0.97
오존(O_3)	9.6	10 ppm	0.75*	−0.47

※ 성층권만을 증가시킴. ppm=10^{-6} ; ppb=10^{-9}

표 5 적외에 흡수 밴드를 가진 여러 가지 대기 분자에 의한 온실 효과

증가율을 과대하게 어림잡고 있기 때문에 온실 효과가 과대하게 평가되고 있는 것도 있다. 그러나, 가령 각 분자의 증가율이 표의 값의 4분의 1이라고 해도 모든 분자의 영향을 가산하면 0.76도가 오른다. 지구의 평균 온도가 0.1도로 조금 올라도 그것이 오랫동안 계속되면 무시할 수 없는 영향이 있다고 하며 1도의 평균 기온의 변화는 중대한 기후 변화를 야기시킨다고 하고 있으므로 이 0.76도의 온실 효과는 주목해야 할 값이다.

3. 복사·광화학·운동의 상호 작용

이 장의 주제는 성층권 오존이 감소한 경우에 기후에 어떤 영향을 주는가 하는 것이다.

성층권 오존이, 가령 50% 이상이나 크게 감소하는 일이 있다고 하면, 성층권이 이상적으로 냉각되는 결과로 성층권 붕괴나 극야 제트류(그림 30 참조)가 약해지는 등 성층권 대기의 대순환에 큰 영향을 줄 것이다. 그 결과, 대류권 기후에 큰 영향을 줄 것으로 생각된다. 그러나 그 영향이 어떤 것인가 하는 질문에 대답하는 것은 아주 어렵다.

대기 현상은 복잡해서 어떤 하나의 요소가 변화하면 여러 가지 요소에 변화를 주어 그것들이 복사·광화학·운동의 상호 작용을 통하여 서로 영향을 미치고, 각종 피드백이 복잡하게 얽히기 때문에 모든 영향을 동시에 고려하여 원인·결과의 관계를 확실히 예측하는 것은 아주 어려운 일이다. 기후 변화에는 여라 가지 양·음의 피드백 작용이 있고 종합 결과가 어느 방향으로 가는가 모르는 일도 많다.

여기에서는 성층권 오존 감소나 프레온이나 이산화탄소의 증가에 관계가 있는 여러 가지 복사·광화학·운동의 상호 작용이나 피드백의 보기에 대해서 얘기하기로 한다.

프레온 증가에 의해서 상부 성층권 오존이 감소하여 지금보다 많은 자외선이 하부 성층권이나 대류권에 들어오게 되면 하층의 오존 생성이 증가하므로 오존 전량의 감소가 완화된다. 이것은 **복사에 의한 오존 감소의 자기 치료 작용**이다. 자기 치료 작용은 음의 피드백의 일종이다. 또한 상부 성층권 오존이 감소하면 오존의 자외선 흡수가 줄어서 온도가 내려가는데, 온도가 내려가면 화학식 1에 있는 반응 중에 R_1의 오존 생성 반응이 촉진하기만 하고 R_2의 오존 소멸 반응이 늦어지기 때문에 광화학 반응에 의한 오존 생성이 많아진다. 이것은 **광화학에 의한 오존 감소의 자기 치료 작용**이다. 상부 성층권의 이산화탄소 증가로 우주 공간으로의 적외 복사가 증가하여 온도가 내려가는 경우는 앞서와 같은 이유로 온도 저하는 오존 생성을 증가시키므로 오존에 의한 자외선 흡수가 늘어나서 온도를 올리는 작용이 생긴다. 이것은 **광화학에 의한 온도 변화의 자기 치료 작용**이다. 이렇게 복사와 광화학은 서로 영향을 미쳐서 각 변화를 완화시키는 경향이 있다.

이산화탄소의 온실 효과로 지구 대기의 온도가 상승하면 대류권의 수증기가 많아져서 다시 온실 효과가 늘어날 뿐만 아니고 적도 부근의 권계면이 온도 상승에 의하여 대류권으로부터 성층권으로 빙결하지 않고 들어오는 수증기량이 많아진다. 이때문에 성층권에도 복잡한 복사장의 변화가 생긴다. 다시 기온 상승은 수증기의 변화에 의하여 구름 상태를 바꿔서 알베도에 변화를 주거나 바닷물 온도를 올려 이산화탄소가 바닷물에 녹는 양을 줄여서 대기중의 이산화탄소를 증가시키기도 한다.

이산화탄소에 의한 온실 효과로 바닷물 온도가 상승하여 공기중의 이산화탄소가 늘어나면 다시 그것에 의한 온실 효과가 증대한다. 이 반복으로 온도 상승이 자꾸 계속되는 현상은 **러너웨이 온실 효과**(runnerway 溫室效果)라고 부르며, 금성(金星) 표면이나 하층 대기의 온도를 이상적으로 높게 하는 원인이 되고 있다. 이 현상은 태양 복사의 세기가 어떤 값을 넘으면 일어난다는 것이 이론적으로 밝혀져 있고, 금성에서는 지구보다 태양에 가까워서 약 90%나 많은 태양 복사를 받고 있으므로 앞에서 얘기한 러너웨이 온실 효과가 일어나서 바닷물은 끓어서 없어지고 이산화탄소 전부가 대기중에 나가 버린다. 이때문에 금성에는 바다가 없고 이산화탄소가 대기의 대부분을 차지하고, 그리고 표면 온도가 500℃에 가까운 작열 상태가 되어 있다.

지구는 대략 금성과 같은 크기이므로 행성 내부로부터 화산 가스로 분출한 이산화탄소의 양은 거의 같고, 주로 질소와 산소 분자로 이루어지는 현재의 지구 대기의 약 100배나 되었을 것이다. 만일, 이 대량의 이산화탄소가 그대로 지구 대기중에 남아 있었다면, 도저히 현재와 같은 생물이 지구상에서 발전할 수 없었을 것이다. 그러나, 다행히도 지구는 태양에서 멀기 때문에 러너웨이 온실 효과는 일어나지 않고 많은 물을 담은 해양이 존재할 수 있었다. 대부분의 이산화탄소는 이 바닷물에 녹아서 그 속의 탄소는 바다밑의 돌에 작용하여 탄산염이나 유기탄소의 형태로 축적되어 있다.

지구는 '물의 행성'이라고 해서 아름다운 자연을 가지고, 물은 생명의 존재에도 없어서는 안된다는 것은 누구나 알고 있는데, 바닷물이 대량의 이산화탄소를 처리해 주고 있기 때문에 생명의 발전·생존에 편리한 현재의 지구 대기가 생겼다는 것은 일반 사람에게는 그다지 알려져 있지 않은 것 같다. 그리고, 그것을 가능하게 하고 있는 것은 적당한 지구의 크기와 태양으로부터의 거리이다. 지구보다 태양에서 먼 화성에서는 태양 복사가 너무 약해서 수분은 거의 얼어 버려서 금성과는 반대로 동결의 세계이다. 거기에도 이산화탄소가 기체인 채로 주성분으로 존재하는데, 그 양은 화성이 작기 때문에 금성보다 훨씬 적은 동시에 빙결되어 있는 물의 양도 적다.

다음에 운동에 대해서 생각해 보자. 성층권 오존의 감소에 의하여 태양 자외선의 흡수량이 줄어서 성층권 온도가 내려가는 경우라도 가열의 변화는 지구상의 어디서라도 같게 일어나지 않기 때문에 성층권 대기의 대순환이 변할지 모른다. 운동의 변화가 있으면, 그것에 의한 오존이나 열 수송도 변해서 그들의 분포도 변할 것이다.

운동이 활발해져서, 예를 들면 온도가 올랐다고 하면 적외 복사에 의한 냉각이 커지고 온도가 내려간다. 이때문에 운동이 진정되는 경향이 생긴다. 이것은 **복사에 의한 운동의 감쇄 작용**이다.

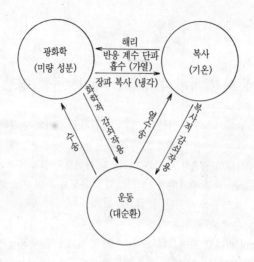

그림 50 광화학·복사·운동의 상호 작용.

또한 대기 운동의 활발화로 기온이 올라가면, 앞에서 얘기한 광화학 변화로 오존이 줄어 가열률이 내려가므로, 결국 기온 상승에 브레이크가 걸려서 대기 운동의 활발화가 억지된다. 이것은 **광화학에 의한 운동의 감쇠 작용**이다. 이렇게 운동은 복사와 광화학의 양쪽에서 영향을 받는 반면, 열이나 대기 분자를 수송하여 그것들의 분포를 바꿈으로써 복사와 광화학에 영향을 주고 있다. 운동과 복사(온도)의 상호 작용에는 이밖에 **성층권 돌연 승온(成層圈突然昇溫)**이라는 특이한 현상도 있는데, 이에 대해서는 편의상 제ⅩⅢ장 제 5항에서 자세히 설명하기로 한다.

이상 설명한 복사·광화학·운동의 상호 작용을 그림 50에 보였다. 앞에서도 얘기한 것과 같이 여러 가지 양·음의 피드백의 종합 결과가 어느 방향으로 가는지 모르는 경우도 많으므로, 이들 영향을 전부 고려하여 대기중의 현상을 완전히 모형화하는 것이 얼마나 어려운가 이해했을 것이다.

4. 화산 폭발과 성층권 에어로졸의 영향

지금까지 기후에의 영향을 지구 온도(지구 표면의 온도와 하층 대기의 온도)의 변화 문제로 생각해 왔는데, 지구 온도에 영향을 주는 또하나의 중요한 요소는 대기중의 에어로졸이다. 특히 성층권 에어로졸은 온실 효과와는 반대로 지구 온도를 내릴 가능성이 있으므로 그 영향을 무시할 수 없다.

공기 중에 부유하는 미소한 액체 또는 고체 입자를 **에어로졸** (aerosol)이라고 하며 그 크기는 1000분의 1μ에서 20μ까지 있다. 1000분의 1μ 이하의 것은 응고하여 급속히 그보다 큰 입자로 변화하며, 20μ보다 큰 것은 침전하여 대기중에서 급속히 없어진다. 0.1μ 이하의 작은 입자를 **아이킨 입자**, 0.1μ에서 1μ까지를 **대입자**(大粒子), 그 이상의 것을 **거대 입자**(巨大粒子)라고 한다.

대기중의 에어로졸에는 바람에 날려오른 토양이나 연소에 의해서 생기는 매연 등의 고형 입자, 각종 기체의 화학 반응에 의해서 생기는 액상 입자(液狀粒子) 및 해양에서 기원하는 해염핵(海鹽核) 입자 등이 있다. 성층권에 있는 주요 에어로졸은 황산(H_2SO_4) 을 주성분으로 하는 액상의 대입자이며 18~22km 높이에서 관측된다. 발견자 이름을 따서 **융게층**이라고 부르는데, 그 성인은 대류권으로부터 운반된 기체상(氣體狀)의 황화물의 산화라고 생각되고 있다. 이때, 마찬가지로 대류권으로부터 들어온 보다 작은 아이킨 입자가 응결핵(凝結核)으로서 중요한 구실을 한다.

황화물이나 아이킨 입자의 성층권 반입은 보통 때도 적도 부근의 상승 기류에 의해서 이루어지고 있는데, 큰 화산 폭발 때에는 대량의 화산재나 분진과 함께 아황산가스가 성층권으로 날아올라 가므로 에어로졸이 증가한다. 처음 몇 주일은 아이킨 입자의 증가가 두드러지는데, 몇 개월이 지나면 황산의 에어로졸 입자가 증가하는 것이 관측된다. 이것은 화산재나 아이킨 입자를 핵으로 하여 성층권 내에서 황산 입자의 에어로졸이 만들어지기 때문이다. 평상시와 화산 폭발 후에 채집한 성층권 에어로졸의 전자 현미경 사진을 그림 51에 보였다. 화산 폭발 후에 큰 에어로졸이 생긴 것을 볼 수 있다.

또한, 금성의 대기 전체를 덮고 있는 누르스름한 두꺼운 구름은 황산의 물방울로 되어 있고 융계층과 같은 성질의 것이다. 금성의 화산 활동이 상당히 심했다는 것을 얘기해 주는지도 모른다.

에어로졸의 지구 온도에의 영향은 그 크기, 모양, 빛깔, 밀도, 존재 장소(대류권이거나 성층권이거나), 그리고 분포 상태 등에 따라서 다르며, 온도를 높게 하는 일도 낮게 하는 일도 있다. 성층권 에어로졸인 경우는 비교적 간단하고, 지구 온도를 낮추는 구실을 한다고 할 수 있다. 그것은 황산액 입자가 아주 높은 알베도값을 가지기 때문이다. 이 때문에, 태양으로부터 입사하는 단파 복사를 우주 공간에 반사하는 비율이 증가하므로, 지구 전체를 데우는데 사용되는 궁극적 에너지가 줄게 된다.

성층권 에어로졸에는 온실 효과에 의한 가열 효과도 있는데, 그것을 일으키는데 적당한 크기의 에어로졸 밀도가 지구의 경우는 불충분하므로 알베도에 의한 냉각 효과 쪽이 강하게 효과를 나타내어 지구 온도를 낮추게 된다. 금성에서는 러너웨이 온실 효과가 알베도 효과보다 커서 금성 온도를 높게 하고 있다.

성층권 에어로졸로부터 아래쪽으로 복사되는 장파(적외) 복사나 대류권의 에어로졸 자체에 의해서 대류권 온도가 어떻게 변화하는가에 대해서는 대류권의 에어로졸 종류가 많아서 그 분포 상태가 복잡해서 간단하게 말할 수 없다. 장소에 따라 온도가 올라가는 곳

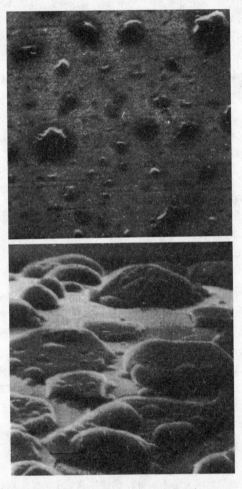

그림 51 성층권 에어로졸. 위 ; 평상시, 아래 ; 화산의 폭발 후
(NASA 에임즈 연구소 제공).

도 있고, 내려가는 곳도 있을 것이다. 그러나, 지구 전체로서는 성층권 에어로졸이 온도를 낮춘다는 것은 앞에서 설명한 것과 같다.

큰 화산 분화에 의한 성층권 에어로졸 증가로 일어나는 지구 기온의 저하가 지구의 소빙하 시대의 원인이라고 생각하는 학자도 많다. 지구의 화산 활동은 1800년대에는 활발했으나 금세기에 들어와서 아주 적어졌다.

그림 49에서 1940년까지 세계의 평균 기온이 상승되고 있는 것은 성층권에까지 물질을 날아올리는 큰 화산 분화가 적었기 때문이라는 것을 모형 계산으로 나타낸 것도 있다. 그러나, 1940년부터 갑자기 화산 폭발이 많아진 사실도 없으므로, 1940년부터의 온도 저하가 화산 분화 때문인지 어떤지는 의심스럽다. 공업 활동이 활발화하여 미세한 에어로졸이 대류권에 많이 방출되었기 때문인지도 모른다.

화산 분화로는 염화수소(HCl)도 분출하기 때문에 그것이 성층권에 들어가 해리(解離)에 의해서 염소 원자를 방출하면 염소 산화물에 의한 촉매 작용으로 성층권 오존을 감소시킬지도 모른다. 또한 에어로졸 입자의 존재는 기체끼리의 화학 반응을 촉진시킬 가능성이 있으므로 성층권의 광화학 반응에 큰 영향을 줄지도 모른다.

예를 들면, 남극의 하부 성층권에 겨울에서 봄에 걸쳐 발달하는 성층권 구름이 남극 오존 홀의 생성에 중요한 구실을 하고 있는데, 이 구름은 질산(HNO₃)을 함유한 얼음 입자(에어로졸)로 되어 있고 그 에어로졸 위에서 염소를 함유한 분자의 화학 반응이 촉진된다는 것이 알려져 있다(제 XII장 제 4항 참조).

O₃

XI

오존층을 파괴하는가?

프레온은 정말로

1. 기적의 분자 프레온
─그 특성과 광범위한 용도

프레온은 1928년에 미국의 토머스 미드글리(Thomas Midgley)
에 의하여 발명된 물질이며, 냉각제로 이상적인 성질을 갖추고 있
다. 당시는 식품의 냉각은 주로 얼음에 의한 냉장고에 의지하는 시
대였다. 염화에틸, 암모니아, 이산화탄소, 아황산가스 등의 화학 물
질을 사용하는 냉장법도 있었으나, 이들 가스는 부식성이 두드러지
며 독성이 강하고 불안정하여 불나기 쉬운 등의 결점을 가지고 있
었다. 독이 없고 불이 잘 붙지 않는 화학적 냉각제의 개발은 당시
의 기업이나 일반 시민의 강한 요망이었다.

미드글리는 탄소의 플루오르 화합물이 그것에 걸맞는 냉매(冷
媒)일 것이라고 예상하여 연구한 결과, 멋들어지게 프레온의 발명
에 성공했다. 그는 자기가 발명한 프레온의 안전성과 불연성(不燃
性)을 보여주기 위해서, 그 발표회에서 프레온가스를 스스로 입 속
에 마시고 촛불에 토해내어 그 불을 끄는 실험을 해 보였다.

프레온은 이렇게 안전성(저독성이나 불연성)이 높은 데다가 끊
는점이 낮으므로 기체·액체 사이의 변환이 자유롭다는 것, 유기물
에 대한 적절한 용해성이 있으며, 액체 프레온은 표면 장력이 낮고
삼투압이 높다는 등의 특성을 가지고 있다. 이때문에 프레온은 여
러 가지 용도가 열려 우리의 현대 문화 생활을 뒷받침하는 큰 기둥
의 하나가 되었다. 이런 프레온의 용도를 설명하기 전에 여러 가지
프레온의 이름과 그 분자 구조에 대해서 얘기해 두겠다.

프레온은 메탄(CH_4)이나 에탄(C_2H_5) 속의 수소 원자의 몇 개인
가를 플루오르 또는 염소와 치환한 분자 구조를 가지고 있다. 앞에
서도 얘기한 것처럼 프레온의 독특한 성질은 탄소와 플루오르의

프레온 IJK 또는 CFC IJK

I(100자리의 숫자) ·················분자 중의 탄소(C)의 수−1

  메탄계의 프레온에서는 I＝0이므로 생략함
       즉 숫자는 2자리가 됨
  에탄계의 프레온에서는 I＝1

J(10자리의 숫자) ·················분자 중의 수소(H)의 수＋1

  H가 없는 경우는 J＝1
  H가 있는 경우는 J＞1

K(1자리의 숫자) ·················분자 중의 플루오르(F)의 수

분자 중의 염소(Cl)의 수는

  메탄계의 프레온에서는 4−K−J＋1
  에탄계의 프레온에서는 6−K−J＋1

그림 52 프레온 분자의 번호 붙이는 법.

결합에서 생기는데, 염소의 역할도 크고 끓는점을 높여 프레온을 사용하기 편리하게 하거나, 유기물과의 친화성(親和性)을 높여주기도 한다. 프레온 속에 플루오르나 염소가 각각 몇 개 들어 있는가에 따라서 여러 가지 프레온 분자가 생기는데, 그것들을 구별하기 위해서 프레온 문자 뒤에 2자리(메탄계 프레온의 경우), 또는 3자리 숫자(에탄계인 경우)를 붙여서 나타내고 있다. 숫자의 뜻은 그림 52에 요약한 것과 같다. 또한 프레온은 CFC라는 기호로 나타내는 때가 있는데, 첫째의 C는 염소(Chlorine), F는 플루오르(Fluorine), 끝의 C는 탄소(Carbon)를 뜻한다.

또, 프레온(Freon)이라는 이름은 프레온을 가장 많이 생산하고 있는 미국의 뒤퐁사의 상품명에서 온 것으로 미국을 비롯하여 서유럽 여러 나라 등에서 사용되며, 일본에서는 플론, 소련에서는 에

표 6 주요한 프레온과 그 주요한 용도.

프레온	분자식	끓는점(℃)	주요 용도
CFC11	$CFCl_3$	23.7	우레탄품 냉장고의 냉매 드라이 크리닝
CFC12	CF_2Cl_2	-29.8	냉장고의 냉매 에어컨(자동차·가정) 발포제
CFC22	$CHClF_2$	-40.0	에어컨(가정냉방) 에어졸 발포제
CFC113	$C_2Cl_3F_3$	47.6	일렉트로닉스의 세정제 발포제 냉각제
CFC114	$C_2Cl_2F_4$	3.6	냉각제 발포제
CFC115	C_2ClF_5	-39.1	냉각제

스키몬이라고 부른다.

프레온 용도의 폭넓은 발전은 미국 사회의, 나아가서는 인류 전체의 근대적 생활 양식 발전에 크게 기여하게 되었는데, 다음에 그 주요한 용도에 대해서 설명한다. 가장 많이 생산·사용되는 프레온과 그 용도는 표 6에 보였다.

1a 냉각제

프레온은 보통의 대기압 상태에서는 무색 투명한 기체인데, 압력을 낮게 하면 급격히 증발하여 열을 빼앗고 주위를 냉각하므로 냉매로 사용된다. 프레온의 이런 성질은 전기 냉장고에 이용되어 식

품의 냉각·보존을 위한 유효한 방법으로 획기적인 것이 되었을 뿐
만 아니라, 나중에 에어 컨디셔닝에 의한 건물이나 자동차 냉방에
사용되게 되었다. 이것들은 넓은 미국, 특히 텍사스 등의 남부에서
그때까지 사람이 살기에 알맞지 않다고 생각되던 지역이라도 사람
들의 쾌적한 생활을 하는 것을 가능하게 하거나, 근대적 고층 건물
속에서의 활동을 가능하게 하여 그후의 미국인의 생활 양식을 극
적으로 변화시켰다. 극장, 병원, 레스토랑, 호텔 등을 냉방해도 폭발
따위의 염려가 없는 데다가 싫은 냄새도 없는 프레온은 참으로 이
상적인 냉매이다.

또한 미드글리는 자동차의 가솔린에 납을 넣어서 노킹(Knock-
ing)을 방지하는 방법을 발명했다. 프레온과 노킹을 방지하는 납은
오늘날 환경 파괴 문제의 대표적인 것이 되고 있는데, 이것들은 미
드글리가 예상할 수 있는 일이 못되었다. 그 당시 과학·기술 문명
의 여명기에 있어서는 지구에는 아직 포용력이 있어서 이들 안전
하고(당시는 물론 성층권 오존 문제는 알려져 있지 않았다) 값싸고
유용한 프레온의 발명은 사람들의 생활을 풍요하게 하는데 대단한
공헌을 한 것은 사실이다.

또, 미드글리는 1889년생으로 그가 활약한 시대는 발명왕 토머스
에디슨(Thomas Edison, 1847~1931)의 시대와 일부 중복하고
있다.

1b 분사제

1940년대가 되어 가벼운 알루미늄 깡통에 넣은 물질을 깡통 입
구를 손가락으로 누르기만 하면 분사시키는 유효하고 값싼 밸브가
압플라넬(Abplanalp)에 의하여 발명되었다. 이 발명으로 사람들은
무겁고 큰 봄베를 들고 다닐 불편함에서 벗어났다. 알루미늄 깡통
에 프레온과 함께 살충제를 넣고 압력을 강하게 하면, 이 밸브를
눌러 대기중에 분사했을 때, 프레온이 폭발적으로 기화되어 분사됨

과 동시에 살충제를 유효하게 살포할 수 있다.

이 에어로졸 분사기 방법은 제2차 세계 대전 때에, 필리핀이나 남태평양의 싸움터에서 살충제나 소독제를 살포하여 말라리아 등의 질병에서 병사를 지키기 위하여 사용되어 크게 효과를 올렸다. 전후는 농장 등에서 살충제·소독제·비료 등을 살포하는데 사용된 외에 헤어스프레이나 페인트 도장 등 다방면에 걸친 용도가 개척되어 프레온과 에어로졸용 밸브 생산은 비약적으로 증대했다.

1c 발포제

1950년대에 들어서자 프레온은 발포 스티롤이나 우레탄폼 제조에 중요한 역할을 다하게 되었다. 이들 물질은 단열·흡음·보온 등의 뛰어난 성질을 가지고 있으므로 오늘날의 우리 일상 생활상 편리하고 없어서는 안되는 것이 되어 있다.

발포 스티롤은 햄버거를 넣고 차가워지지 않게 하기 위한 용기 따위에도 사용되고 있다. 우레탄폼에는 연질(軟質)과 경질(硬質)이 있어서 각각 다른 성질과 용도가 있다. 연질 우레탄폼은 프레온가스를 발포제로 하여 제조되어 대부분이 쿠션 등에 사용된다. 경질 우레탄폼은 내부에 단열성이 뛰어난 프레온가스를 봉입하여 제조되어 주로 냉장고 등의 단열제로 사용되고 있다.

1d 세정제

다시 1970년대에는 프레온은 일렉트로닉스 산업에서 컴퓨터의 반도체 칩이나 여러 가지 정밀 기계, 광학 렌즈의 탈지(脫脂)·세정에 사용되거나 프린트 기판으로부터 여분의 땜납을 제거하는데 사용되는 외에 프린트 기판을 식각(蝕刻)하는데 필요한 다른 화학 약품을 만들 때의 재료로도 사용되게 되었다. 특히 그 낮은 표면 장력 때문에 가는 틈에 강력하게 침투하며, 증발이 빠르고 건조가 빠른 것, 뒤에 얼룩이 생기지 않는 것, 금속이나 플라스틱을 침식하지

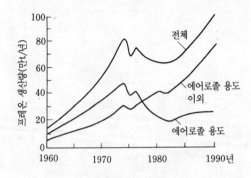

그림 53 세계의 프레온 생산량의 변화.

않는 등의 특징 때문에 미소한 먼지나 더러움도 문제가 되는 반도체 칩 세정에 큰 구실을 다하여, 이에 의해서 신뢰도가 높은 칩의 대량 생산이 가능하게 되었다.

또 프레온은 의류의 드라이 클리닝 등의 세정제로도 사용되고 있다.

프레온 생산량의 추이

프레온의 공업적 생산은 1930년에 시작되어 1934년 이후는 중요한 공업 생산물의 하나로서 그 생산량은 급격히 증가했다. 특히 제2차 세계 대전 후의 약진은 눈부시고 세계적 생산량은 그림 53에 보인 것처럼 1960년경에서 1970년대 중엽까지 매년 10%의 비율로 계속 증가했다. 이것은 주로 에어로졸 분사기에 사용되는 것의 수요 증가에 의한 것이었으나, 1974년에 프레온을 가장 많이 생산하고 있던 미국이 성층권 오존 파괴와 관련이 있다는 과학자들의 경고를 받아들여 생산을 축소하였기 때문에, 그 뒤 잠시는 세계의 프레온 생산량은 감소 경향에 있었다. 그런데 에어로졸 분사기용 이외의, 특히 일렉트로닉스 산업용의 프레온 생산·사용이

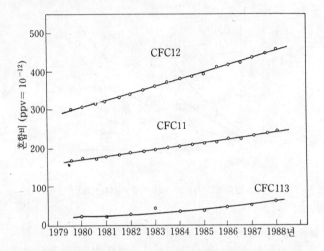

그림 54 홋카이도(北海道)에 있어서의 최근 9년간의 프레온 농도의
관측 결과[도쿄(東京)대학·도미나가(富永健) 교수 제공].

1980년대에 들어와서 급격히 증가하였기 때문에 전세계의 프레온
생산량이 다시 급격히 증가하기 시작하여 1986년의 생산량은 100
만톤에 이를 기세였다. 이 중 일본의 생산량은 13만 7000톤으로
전체의 14%에 조금 못미치고, 미국이 30%, 서유럽 여러 나라가
40%, 나머지 16%가 소련을 비롯한 동유럽 여러 나라와 인도, 브
라질 등에서 생산되었다.

프레온의 생산 증가와 더불어 대기중의 프레온량도 착실하게 증
가하고 있다. 일본의 홋카이도(北海道)에서의 최근 10년간의 프레
온 농도의 측정 결과는 그림 54에 보인 것처럼 되어 있다.

이 기간에 CFC12는 매년 5.7%, CFC11은 4.9%의 비율로 증
가하고 있다. CFC113의 대기중에서의 농도는 CFC12나 CFC11
에 비해서 아직 상당히 작지만, 그 증가율은 26%로 훨씬 크다. 이

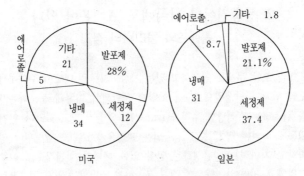

그림 55 일본과 미국에서의 프레온의 용도별 사용량 비율

것은 일본에 있어서의 최근 하이테크 산업이 발전되고 있는 속도가 빠름을 나타내는 것이라고 생각된다.

프레온의 사용 목적은 각각 나라 사정에 따라서 다르지만 일본과 미국을 비교하면 그림 55와 같다.

일본에서는 약 37%가 일렉트로닉스 산업의 세정·용제로 사용되고 있는데 대해서, 미국에서는 그 비율이 12%로 낮고, 냉매가 차지하는 비율이 34%로서 가장 크다. 미국에서는 특히 자동차의 에어컨디셔닝에 사용되는 양이 20%이며, 이것은 단독 용도로서는 가장 많다. 일본에서도 냉매에 사용되는 프레온의 비율은 31%로 큰데, 산업용이나 백화점, 병원, 호텔 등의 건물 냉방 및 식품 냉동에 사용되는 것이 많다. 미국에서는 그 밖의 용도로는 국외 제조나 군수용이 포함된다.

2. 성층권이나 남극에도 프레온이 있다
-롤랜드와 몰리나의 경고

대기 오염 문제를 연구하고 있는 기상학자들은 대도시 주변에서 오염 입자가 발생원으로부터 어떻게 운반되어 어떻게 분포하는가를 관측하는데 적당한 추적자(tracer)가 없을까 찾고 있었다. 인간 활동에 의하여 공기 중에 방출되는 프레온가스는 그 발생원이 명확하고 자연적으로 발생하는 일이 없는 데다가 화학적으로 아주 안정하고, 지면이나 다른 물질에 부착하여 소멸되는 일도 없으므로 트레이서로서 이상적이다.

영국의 라브록(James Lovelock)은 이런 사실에 주목하여 대도시 주변의 프레온 분포를 관측하려고 생각했다.

측정기를 메고 프레온 농도를 관측하면서 돌아 다니던 라브록은 놀랍게도 프레온 농도가 그 발생원으로부터 멀리 떨어진 곳에서도 그다지 변함이 없다는 것을 발견했다. 연구비 부족으로 고생하면서 거의 자비를 쓰면서 관측을 계속한 그는 먼 해양이나 외딴섬의 대기중에도 대도시 주변과 변함 없는 농도를 가진 프레온이 있다는 것을 발견했다. 관측 결과를 정리한 논문을 인쇄하면서 그는 부인의 물심 양면에 걸친 협력에 감사하였다. 현재 그는 파사데나(로스앤젤레스 교외)에 있는 제트 추진 연구소(JPL)에서 프레온과 성층권 오존의 연구를 계속하고 있다. 그 후, 여러 사람들의 관측에 의하여 프레온은 성층권이나 남극 등 지구 상의 도처에 충만되어 있다는 것이 밝혀졌다.

염소 산화물이 오존을 파괴하는 강한 촉매 반응을 일으킨다는 것은 제 V 장 3항에서 얘기한 대로이다. CIAP시대에 당시 NASA가 개발 중이던 스페이스 셔틀의 고체 연료에서 나오는 염화수소(HCl)의 해리(解離)에 의하여 염소 원자(Cl)가 유리되고 그 촉매 작용으로 성층권 오존이 감소되는 것이 아닌가 하고 문제되었던 일이 있었다. 그 당시 화학 반응 속도에 대한 관계자의 지식은 아주 빈약하여 일산화염소와 산소 원자의 반응(화학식 4의 R_8 반응)과 같은 중요한 반응의 반응 속도 따위도 정확하게 알려져 있지 않았다. 관계자는 여러 가지 학술 잡지에서 찾아 보거나, 직접 실험하여 그 반응 속도를 결정하려고 애썼다. 그 반응 속도가 질소 산화물의 그것보다 빠르다는 것을 확인하여 성층권 오존이 소멸되는 중요한 촉매 반응이라는 것을 발견한 것은 CIAP 과학자들의 공적이다.

스페이스 셔틀의 영향에 대해서는 NASA가 중대한 관심을 가지고 조사한 결과, 그 운행 빈도가 SST에 비해서 적고, 또 셔틀은 성층권을 통과하여 훨씬 위로 비행하며 성층권에 있는 시간도 짧기 때문에 그다지 문제가 되지 않는다는 결론에 이르렀다. 그러나, 그 후에도 성층권에서 염소 원자를 방출하는 원인이 되는 물질이 성층권 오존을 파괴할 위험이 있다는 과학자들의 인식은 변하지 않았다.

캘리포니아 대학에서 막 학위를 취득하고 어빈(Irvine) 분교의 화학 교실에 근무하고 있던 신진 기예의 몰리나(Mario Molina) 박사는 라브록의 관측에 흥미를 가지고 조사하였더니 관측 결과에 의거하여 계산한 전 세계의 대기중에 존재하는 프레온량이 그때까지 대기중에 방출된 양과 그다지 변하지 않는 것을 알아냈다. 이 사실은 한 번 대기중에 나간 프레온은 비에 녹거나 지면에 붙어 소멸되는 일이 없고, 오랫동안 대기중에 부유한다는 것을 의미한다.

몰리나는 프레온의 수명이 수십 년에서 100년에 이르는 긴 것이고, 유일한 소멸 기구는 그것이 성층권에 이르러 태양 자외선에 의하여 해리되는 것이라고 생각하여 계산했다. 그 결과, 대기중의 프레온량이 이대로의 기세로 계속 증가하면 그것들이 성층권에서 해리하여 성층권 오존을 크게 소멸시키는데 충분한 염소 분자가 생

그림 56 1974년, 프레온의 성층권 오존에의 영향을 발표한 무렵
의 화학 실험실에서의 롤랜드 교수와 몰리나 박사(캘리포니아 대학
Irvine분교 제공).

성된다는 결론에 이르렀다.

  몰리나는 곧 그 연구 결과를 롤랜드(F. Sherwood Rowland) 교
수에게 보고하고 교수의 의견을 구했다. 사실의 중대성을 금방 인
식한 롤랜드는 몰리나와 다른 동료 과학자들과 함께 그 위험성을
학계는 물론 정계나 일반 사회에도 계속 호소하게 되었다.

  몰리나와 롤랜드에 의한 최초의 학술 논문은 1974년 6월에 영국
의 과학 학술 잡지 『네이처(Nature)』에 게재되었는데, 그 경고가
결실되어 프레온을 전폐하자는 국제 세론으로까지 열매를 맺는데
는 그로부터 15년의 세월이 필요하였다. 그림 56은 1974년 당시,
캘리포니아 대학 어빈 분교의 화학 실험실에 있는 롤랜드와 말리
나의 사진이다.

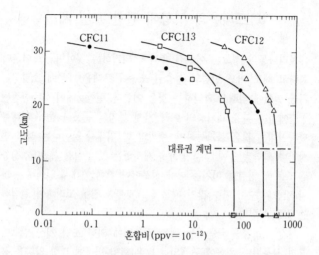

그림 57 산리쿠(三陸) 상공의 성층권 대기 중의 프레온 농도의 고도 분포[1988년 5월 21일의 관측, 우주 연구소 이토(伊藤富三) 교수 제공].

　프레온이 성층권에 들어가서 해리되어 소멸하고 있다는 것은 그림 57에 보인 관측 결과로도 알 수 있다. 대류권 계면을 통과하여 성층권으로 들어간 프레온 농도가 급격히 작아져 있는데, 이것은 프레온이 태양 자외선으로 해리하여 파괴되기 때문이며, 염소 원자가 성층권에서 생산되고 있다는 증거가 된다. 또한 CFC113의 감소가 비교적 작은 것은 이 분자가 대기중에 방출된 시기가 비교적 새롭다는 것과 그 흡수 단면적이 다른 프레온에 비해서 작기 때문이라고 생각된다.

3. 프레온의 영향에 관한 모델 계산

몰리나들의 경고는 이론적 추측에 의거하는 것이며, 그 이론이 옳다고 해도 어느 만큼의 성층권 오존이 프레온 때문에 소멸되는가를 실험에 의해서 확인하는 것은 어렵다. 실험실내에서의 한정된 공간에서는 자유 대기중의 여러 가지 분자의 분포나 운동 상태를 만들어내는 것은 불가능하며, 주위의 벽 위에서 일어나는 물리 현상이나 화학 반응에 의한 영향을 제거하는 것도 어렵다. 또한, 성층권 오존에 영향을 미치는 미량 성분이나 그에 인해서 일어나는 화학 반응의 수는 아주 많기 때문에 그것들을 전부 고려하여 실험하는 것도 어렵다.

이런 어려움을 극복하는 데는 컴퓨터에 의한 모델 계산 방법이 흔히 사용된다. 처음에 관계되는 많은 화학 반응에 의한 영향을 전부 채택하여 계산할 수 있는 1차원 모델의 계산 결과에 대해서 설명하겠다.

이 모델은 수직(높이) 방향의 변화만을 생각하는 것이며, 위도나 경도에 의한 변화는 전 지구를 평균한 것으로 생각한다. 또한, 야간은 태양 자외선이 없으므로, 주간과는 다른 화학 반응이 되기 때문에 이 영향을 고려하여 각 분자의 일변화에 의한 평균값을 계산한다. 운동에 의한 영향에 대해서는 수직맴돌이 확산이 고려되어 있다.

프레온의 영향을 계산하는 데는, 처음에 그 영향이 거의 없는 상태에 있는 모델을 계산할 필요가 있다. 여기에서는, 1955년에 있은 프레온의 방출 상태가 영원히 계속된 경우에 성층권 오존의 고도 분포가 어떻게 되는가를 나타내는 '바닥 상태'를 계산하기로 한다. 이 상태를 A라고 하고, 그로부터 매년 10%의 비율로 프레온 방출률을 증가해 갔을 때의 오존 전량의 변화율을 계산하면 그림 58과 같이 된다. A에서 20년이 지난 B상태에서는 오존 전량의 감소율은 겨우 0.2%에 불과하다.

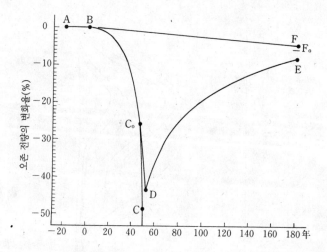

그림 58 1차원 모델로 계산된 프레온 방출에 의한 전오존량 감소율의 시간 경과.

B상태로부터 다시 매년 10%씩 프레온의 방출률을 증가해 가면 오존 전량은 급격히 감소해 가서 50년 후에는 C상태가 되어 약 50%가 감소하게 된다. 성층권 오존 감소가 파국적이 되고 있다고 판단하여 25%가 감소되는데 이르렀을 때에 C_0시점에서 프레온 방출률을 B상태로 되돌려서 고정해도 그후 2~3년 사이는 감소가 계속한다. 그리고 D에서 약 44%로 감소된 뒤에는 서서히 회복하여 B상태로부터 180년 후에 약 8%가 감소되는 E상태가 된다.

만일, B상태로부터 프레온 방출률을 고정했다고 하면, 오존 전량의 변화는 BF곡선에 따라서 일어나며, 180년 후에는 F상태에 이른다. 다시 B상태인 프레온 방출률에 의거한 '바다 상태'를 계산하면 약 5.2%가 감소된 F_0상태를 얻을 수 있다. 이렇게 BDE로 가는 변화를 이룬다고 해도, 또는 BF의 변화를 취하든 어쨌든 오존 전

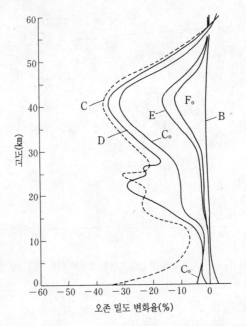

그림 59 그림 58의 각 시점에 있어서의 오존 밀도 변화율의 고도 분포.

량은 200년 이상 뒤에는 F_0상태가 되어 5~6%가 감소되게 된다.

B, C, D, E 등의 시점에서 각 높이의 오존 밀도가 어느 만큼 변화했는가를 그림 59에 보였다.

어느 경우라도 40km 부근의 감소율이 가장 크다. 이것은 이 높이에서 프레온에서 유리되는 염소 원자에 의한 촉매 작용이 두드러지기 때문이기도 하다. 이것은 각 경우에서의 오존 감소율이 일산화염소(ClO)의 농도에 대략 비례되어 있는 사실로부터 확증된다. 또한, C나 D인 경우에 20km 부근에서 감소율이 커지는데, 이것은 화학 변화 때문이 아니고 상층에서 크게 오존이 감소되었으므로 태양 자외선의 침입 고도가 내려가서 화학 평형이 무너져서 이 높이에 탁월한 운동의 영향이 일시적으로 변화한 것을 나타낸다. 1차원 모델에서는 대기중의 운동은 올바르게 시뮬레이트(擬態)되어 있지 않으므로 그림에 보인 이 높이에서의 C나 D 변화는 그다지 신용할 수 없다.

그림 58에서 계산된 오존 전량의 감소율은 새로운 반응이나 그에 관계되는 새로운 분자를 모델 계산에 넣으면 변하며, 또한 여러 가지 화학 반응의 반응 속도에 따라서도 다른 값이 얻어진다. 이때문에 1976년에서 1985년에 걸쳐 실시된 미국의 과학 아카데미 (NAS)의 몇 회에 걸친 조사 결과는 F_0에 있어서의 감소율로서 그때마다 2~20% 사이에서 다른 값을 얻게 되었다. 그 결과, 프레온이 성층권 오존에 영향을 준다는 것 자체를 의문시하는 사람도 있었으나, 세밀한 숫자에는 의문이 있더라도, 이것으로 프레온에 의한 성층권 오존이 감소될 가능성을 부정하지는 못한다. 특히, 매년 10%라는 높은 비율로 프레온 방출을 계속하는 위험성은 모델 계산으로 명료하게 나타나 있다.

1차원 모델의 가장 큰 결점은 대기의 3차원적 운동이 어떻게 영향을 미치는가 하는 것이 고려되어 있지 않다는 것이다. 지구 대기의 대규모적인 순환 운동에 대한 컴퓨터 모델은 기후 변동을 연구하기 위해서 오랫동안 기상학자들이 연구하고 있다. 그러나 제 X장 제 3항에서도 얘기한 것과 같은 복잡한 대기 현상 때문에, 최신 컴퓨터로도 완전히 자연 변화를 시뮬레이트하는데 성공하지 못했다. 하물며 3차원의 대기 대순환 모델에 더 복잡한 화학 반응을 가미하여 모델 계산을 하는 것은 컴퓨터의 능력(기억 능력이나 계산 시간)을 넘어선 문제이며, 아직 프레온 문제에 응용할 수 있는 상태가 되어 있지 않다.

1차원 모델과 3차원 모델의 결점을 부분적으로 보충하는 2차원 모델은 고도 외에 위도 방향의 변화도 고려한 것이며 수평 운동과

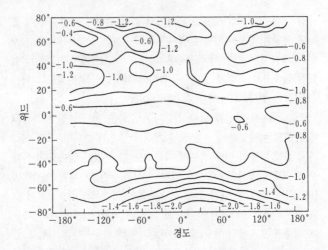

그림 60 님버스 7의 SBUV로 관측된 오존 전량 변화의 세계 분포. 1978년 11월에서 1985년 9월의 변화를 %/년의 단위로 나타냄.

화학 반응의 두 가지 영향을 어느 정도 가미할 수 있는 이점을 가지고 있다. 여전히 운동 실태가 올바르게 시뮬레이트되어 있지 않은 결점은 남는데 이 2차원 모델의 결과는 고위도에 있어서의 성층권 오존의 감소율이 저위도에 있어서의 감소율보다 크다는 관측 결과를 올바르게 재현하고 있다.

4. 성층권 오존에의 영향은 검출되었는가?

모델 계산은 어디까지나 여러 가지 가정에 의거하는 계산이며, 실제로 성층권 오존이 감소되고 있는가 어떤가는 관측 결과에 그

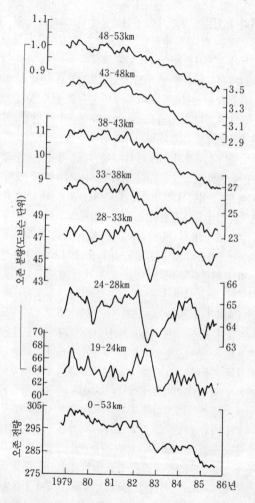

그림 61 님버스 7의 SBUV로 관측된 성층권 오존의 변화(북위 70도와 남위 70도 사이의 평균값)

것이 나타나 있는가 어떤가로 판단해야 한다. 그리고 만일 감소되어 있는 경우는 그 감소 방식이 프레온에 의한 것이라는 특질을 갖추고 있는가 없는가를 밝혀내야 한다.

그림 60은 인공 위성 님버스7의 SBUV법으로 관측된, 1978년 11월에서 1985년 9월까지 사이의 오존 전량의 변화(%)를 전세계적으로 나타낸 것이다. 일반적으로 위도가 높을수록 변화율이 크다는 것은 2차원 모델 결과와 일치하고 있다.

또한 그림 61은 북위 70도에서 남위 70도 사이의 평균값이 약 7년 동안에 변화한 모양을 여러 높이로 나눠서 나타낸 것이다. 33km보다 높은 높이에서의 변화를 나타내는 위의 네 곡선을 보면 1980년대에 들어와서 확실히 오존이 연속적으로 감소하고 있다.

프레온의 세계적 생산량이 1980년대에 급속히 증가한 것(그림 53 참조)과 프레온의 영향이 고도 40km를 중심으로 하는 상부 성층권 높이에 현저하게 나타난다는 모델 계산 결과(그림 59 참조)를 생각하면 그림 61에서 볼 수 있는 1980년대에 있어서의 33km 이상 높이에서의 오존 감소는 프레온의 영향이라고 생각해도 부자연스럽지 않다. 다시 그림 58의 계산 결과에 의하면 프레온이 10%의 비율로 증가하는 경우라도 그 영향이 나타나는 데는 적어도 20년 이상의 세월이 걸리므로 그림 61의 결과는 1980년대에 급증한 프레온이 직접 원인이라기보다는 "그보다 이전에 방출된 프레온이 상부 성층권에 도달하여 효과를 나타내기 시작하였다"고 생각하는 것이 타당할 것이다. 만일 그렇다고 하면 1980년대에 급속히 방출량이 증가한 프레온이 상부 성층권에 도달하는 다음 세기초 이후에는 상당한 성층권 오존 감소가 일어날 가능성이 있다.

그림 61에서 33km 이하의 고도에서는 1982년에서 1983년에 걸쳐서 아주 크게 급속한 오존 감소가 나타났다. 이것은 1982년 4월

에 일어난 멕시코의 엘치촌(El Chichón)화산이 폭발한 영향일 가능성이 크다. 이 화산 폭발은 대량의 폭발물을 성층권에 불어 올렸다는 것이 관측되어 있고, 그에 따라서 성층권의 에어로졸이 증가했다는 것도 관측되고 있다.

에어로졸과 같은 고체 입자가 대기중에 부유하고 있으면 그 표면에 1개의 분자가 부착된 뒤에 다른 분자가 부착되어 **불균일 화학 반응**을 일으킨다고 생각된다. 이 반응에서는 분자끼리가 만나는 확률이, 기체 분자끼리가 자유 공간 중에서 충돌하여 **균일 화학 반응**이 일어날 확률에 비해 훨씬 크다.

화산 폭발에 의하여 그림 51(아래)과 같은 큰 성층권 에어로졸이 많이 생기면 그 총 표면적이 크기 때문에 그 위에서 불균일 화학 반응이 일어날 기회가 증대한다. 그 때문에 큰 오존 감소도 일어나게 된다. 다음 장에서 얘기하는 것처럼, 남극의 오존 홀의 원인도 극역 성층권운(極域成層圈雲)이라는 일종의 에어로졸 입자상에서의 불균일 화학 반응이 관계하고 있다.

그림 61의 제일 아래 곡선은 오존 전량의 변화를 나타내고 있다.

1983년에 엘치촌 화산 폭발의 일시적 영향을 받고 있지만 1980년대에는 전체적으로 감소 경향에 있는 것은 분명하다. 이 곡선의 하강 경사로부터 계산하면 1979년에서 1986년의 7년간에 오존 전량은 매년 0.74% 정도의 비율로 감소하고 있는 것이 된다. 그러나 이 값에는 다음과 같은 보정을 할 필요가 있다.

흑점 변화 등에서 볼 수 있는 태양 활동은 거의 11년의 주기로 변화하고 있다는 것이 알려져 있다. 그런데 이 7년간은 마침 태양 활동의 하강기에 있었으므로, 오존의 생성률이 해마다 감소되었을 것이다. 이 영향으로 오존 전량이 감소하는 비율은 매년 0.2% 정도였다는 것을 이론적으로 계산할 수 있다. 또한 오랫동안에 인공

	30-39N	40-52N	53-64N
겨울의 평균	−2.3	−4.7	−6.2
여름의 평균	−1.9	−2.1	+0.4
연평균	−1.7	−3.0	−2.3

표 7 도브슨 분광계에 의한 오존 전량의 1969∼1986년 기간에서의 변화(%), NASA 오존 트렌드 패널의 1983년 3월에 발표된 보고에 의함.

위성상의 측정기 기준이 어긋났을 가능성도 있다. 특히 확산관의 열화에 따라서 겉보기로 오존이 해마다 감소된 것처럼 관측될 가능성이 있다. 도브슨계에 의한 지상 관측 결과와 비교한 것으로부터 추정하면 이 기준의 계통적 어긋남에 의한 겉보기 오존 전량의 감소율은 매년 0.39%나 되게 된다. 이들 태양 활동의 변화와 측정기 기준의 계통적 어긋남이 영향을 미칠 보정을 실시하면 이 7년간의 오존 전량의 감소율은 매년 0.15%의 비율이 된다.

인공 위성으로 관측하는데 따른 측정기 기준의 계통적 어긋남에 관한 문제는 오랫동안의 변화를 인공 위성에서 관측하는 경우에 큰 결점이 되며, 그 관측 결과에 대한 신뢰도에도 큰 문제를 던져준다. 장차 그것을 없애는 방법을 생각하거나 이론적으로 올바르게 보정을 행할 수 있는 개량이 바람직하다.

지상 관측에서는 이런 경우에는 수시로 기기의 보정을 함으로써 보정을 쉽게 할 수 있는 이점이 있다. 지상에서 도브슨 분광계를 써서 성층권 오존을 관측한 역사는 오래되었고, 특히 북반구에서는 여러 지점에서 장기간 관측이 실시되어 왔다.

오존량의 장기 변화를 검토하기 위해 설치된 NASA의 오존 트렌드 패널은 이들의 관측 결과를 조사한 결과, 1988년 3월에 표 7과 같은 결과를 발표했다. 이것은 1969년에서 1986년에 이르는 17년 간에 오존 전량이 변화한 비율을 3개의 위도대에 대해서 여름과 겨울로 나눠서 나타내었다. 이것을 보면, 일반적으로 겨울쪽이 여름보다 크게 감소하며, 같은 겨울이라도 고위도로 갈수록 변화율이 크다. 여름의 변화는 불규칙하여 북위 40~52도에서의 감소가 가장 크고, 북위 53~64도에서는 근소하나마 오존이 증가하고 있다. 3개의 위도의 연 평균값을 다시 평균하여 세계적 경향을 보면 2.3%의 감소가 되며 이것을 연율(年率)로 하면 매년 0.135%의 감소율이 된다. 이 값은 앞서의 인공 위성으로 관측하여 얻어진 결과 (0.15%)와 거의 일치한다. 그러나 이 겉보기상의 일치는 양자가 일치하도록 인공 위성에서의 관측기 기준의 어긋남을 보정하였기 때문이며 당연한 일이다(양자의 근소한 차이는 해석을 실시한 기간이 다르기 때문이다).

5. 프레온의 온실 효과

표 5에 여러 가지 분자의 온실 효과에 대한 계산 결과를 보였는데, 이에 의하면 이산화탄소 이외의 분자의 온실 효과도 상당히 크다. 특히 프레온에 의한 흡수가 일어나는 10μ 부근은 장파 복사가 강한 곳이기 때문에(그림 47 참조) 이산화탄소 흡수가 15μ으로 복사 곡선의 기슭 부근에서 일어나는데 비해서 복사의 흡수·재복사가 강해 온실 효과의 효율이 커진다.

표 5의 계산으로는, 프레온의 증가율로서 20배라는 큰 값이 가정되고 있는데, 기준량(현재량)이 작기 때문에 실제로 대기에 더해지는 프레온 분자수는 1.25배의 증가를 가정한 이산화탄소인 경우보

다 훨씬 적다. 그럼에도 불구하고 계산된 프레온에 의한 온실 효과 (0.54도)가 이산화탄소의 그것(0.79도)과 그다지 변함이 없다는 것은 1개 분자당의 온실 효과로는 프레온 쪽이 이산화탄소보다 훨씬 크다는 것이 된다. 이 표의 결과로부터 계산하면 1개의 프레온 분자는 1개의 이산화탄소 분자의 1만 4000배나 큰 온실 효과를 일으키게 된다.

최근 문제가 되고 있는 CFC113이나 CFC114 프레온의 온실 효과도 크고 CFC12의 값의 각각 0.8배와 1.9배라고 한다. 이렇게 대기중에 프레온이 대량으로 증가할 때는 성층권의 오존이 감소할 뿐만 아니라 대류권에서도 온실 효과에 의해 지구의 온난화에 박차를 가하게 되므로 그것이 지구 환경을 파괴하게 되는데 미치는 영향은 더욱 중대하다고 할 수 있다.

덧붙여 얘기하면 온실 효과를 일으키는 주요한 미량 성분의 1975년에서 1985년 사이에 일어난 증가율은 이산화탄소가 4.6%, 메탄이 11%, 일산화이질소가 3.5%, CFC11가 103%, CFC12가 101%로 관측되어 프레온의 증가율이 압도적으로 크다.

프레온 등 이산화탄소 이외의 것에 의한 온실 효과는 전체의 25%가 된다고 한다. 또한 이들 가스는 성층권 오존의 감소에도 큰 역할을 다하는 것이기도 하다. 즉 성층권에서는 메탄은 수소 산화물의, 일산화이질소는 질소 산화물의, 그리고 CFC는 염소 산화물의 기원이 된다. 그리고 각 산화물은 오존 소멸의 촉매 작용에 중요한 작용을 하고 있다.

6. 프레온의 생산·사용 규제의 발자취

1974년에 프레온이 성층권 오존을 파괴할 염려가 있다는 문제가 롤랜드 교수들에 의해서 제기되었다는 것은 앞에서 얘기했다. 그

무렵은 마침 SST문제가 떠들썩하게 논의되던 중이었기도 하고, 미국 사람들 사이에서 공해 문제에 관한 의식도 높아졌기 때문에 큰 관심을 불러 일으켰다. 의회는 베트남 전쟁 이래 가장 많은 투서를 일반 시민으로부터 받고 이 해의 12월에는 최초의 공청회가 열렸다.

1975년 6월에는 국가 자원 보호 회의(NRDC)가 소비 물자 안전 위원회(CPSC)에 대해서 프레온을 에어로졸 분사기에 사용하는 것을 금지하도록 요구하는 소송을 일으켰다. 그러나 CPSC는 프레온이 성층권 오존을 파괴한다는 것을 증명하는 충분한 증거가 없다고 하여 이 소송을 기각했다.

1976년 9월 미국의 과학 아카데미(NAS)는 롤랜드-몰리나의 이론은 옳다고 하면서도 정부가 프레온 규제를 단행하는 것은 연기해야 한다는 견해를 발표했다. 그러나 환경 보전국(EPA)이나 식품·의료품을 관리하는 부국 등의 정부 기관은 프레온을 사용하는 분사기는 금지해야 한다고 제안하고, 국제 연합의 환경 계획 프로그램에서도 이 문제를 검토하기 시작했다.

이보다 앞서 1975년 6월에 자연 환경 보호에 특별히 열심인 오리건주가 먼저 프레온을 사용한 에어로졸 분사기를 주 안에서 사용하는 것을 금지하기로 결정하고 1977년 3월부터 실시했다. 주 안에 프레온의 제조 공장을 가진 캘리포니아나 텍사스 등의 주의회에서는 금지 조례를 만드는 것에 난색을 나타냈으나, 1978년 10월 워싱턴DC의 연방 정부는 프레온을 에어로졸 분사기에 사용하는 것을 금지하는 법안을 성립시켜 다음해 4월부터 실시할 것을 결정했다.

1979년 11월에 과학 아카데미는 두번째 보고를 내어 프레온에 의한 성층권 오존의 감소는 16.5%에 이른다고 발표했다. 이렇게 큰 감소율이 예상된다는 발표가 있은 직후, 1980년 4월, 카터 정권 하의 EPA장관은 프레온 생산을 금지한다는 방침을 내세웠다. 그러나 그후 바로 탄생한 레이건 정권에서 취임한 EPA장관은 취임식 뒤의 기자 회견에서 "프레온과 성층권 오존에 관한 이론은 고도의 논의가 필요한 문제이다."라고 얘기하여 규제에 소극적인 태도를 나타냈다. 다시 레이건 정권 초기에는 새로운 프레온 규제에 의해서 손해를 입을지도 모르는 중소기업을 지키기 위한 공청회를 열거나 해서 기업 보호를 우선시켜 프레온 규제에 제동을 거는 방향으로 움직였다.

한편, 1982년 3월에 제출된 과학 아카데미의 세번째 보고는 성층권 오존의 감소가 전번보다 상당히 적어서 5~9%라고 발표했다. 이렇게 과학 아카데미의 보고가 크게 변하는 것은 "프레온과 성층권 오존에 관한 이론에 잘못이 있다"는 이유 때문이라고 프레온 생산자들 사이에 비판이 높아져서 프레온 규제 문제는 정치 문제로까지 발전하여 더욱더 분규가 일어나게 되었다.

이로부터 몇 년 동안은 프레온에 의한 성층권 오존의 감소를 염려하는 과학자들에게는 고뇌에 찬 세월이 되었다. 레이건 정권 초기에는 규제에 대한 소극적 태도에 힘을 얻은 프레온 관계 기업의 반격에 더하여 과학자 중에서도 설사 이론은 옳더라도 자연의 자기 회복력이 크기 때문에 성층권 오존의 대폭적인 감소는 일어나지 않을 것이라고 주장하는 사람도 있었다.

1984년 2월, 과학 아카데미는 그 네번째 보고에서 프레온에 의한 성층권 오존이 감소할 예상을 더 낮추어 2~4%라고 발표했다. 이들의 과학 아카데미 보고에 나타난 예상되는 감소율 정정은 성층권에서의 화학 변화를 재검토한 결과로 생긴 것이다. 이것은 관계하는 과학자들이 문제를 아주 신중하게 음미하고 있었다는 것을 나타내고 있으며 프레온―성층권 오존에 대한 문제의 본질이 이것으로 변하는 것은 아니었다.

그러나 롤랜드 교수들의 과학자의 주장이 인정되어 프레온 등 유해한 물질의 세계적 규제가 실시되게 되는 데는 이제는 실제로 성층권 오존이 감소되고 있다는 증거가 얻어지지 않는 한 가능성이 희박한 상태였다. 이런 불안정하고 복잡한 상황을 해소하여 단 번에 프레온 규제의 국제 협정이 성립하는 데까지 발전할 기운을 만든 것은 남극 오존홀의 발견이었다.

이것에 대해서는 다음 장에서 자세히 얘기하겠지만 여기에서는 프레온 규제에 관한 국제적인 사건을 좀더 연대를 좇아 알아보기 로 하자.

에어로졸 분사기에 사용하는 프레온11이나 프레온12의 제조·사 용을 미국이 금지한 직후, 캐나다와 북유럽 여러 나라가 1978년에 서 1980년에 걸쳐 제조·수입을 전면적으로 금지했다. 그밖의 서유 럽 여러 나라에서도 생산을 동결하는 조치가 취해지고, 일본에서도 근년에 그 생산량은 정체되고 있다. 그런데 이른바 하이테크 산업 의 발전에 따라서 부품 세정에 사용하는 프레온113 등의 생산량이 근년에 급격히 증가되어 전세계에서의 프레온 전체의 생산량은 두 드러지게 증가되고 있다(그림 53 참조).

미국 정부는 프레온 113을 포함한 프레온 전체의 생산·사용에 적극적으로 반대하는 태도를 취하고 의회도 이것을 지지해 왔다. 그러나 프레온 규제는 한 나라 내지는 몇 나라만이 행해도 효과가 없으므로 국무성(일본의 외무성에 해당함)과 EPA가 주체가 되어 국제 협력을 추진하려고 노력해 왔다. 특히 프레온 113의 규제에 대해서는 서유럽 여러 나라나 일본의 소극적 태도가 오랫동안 장 애가 되었는데, 최근의 국제 연합의 환경 계획에 관한 국제 회의에 서 '오존층 보호를 위한 빈 조약(1985년 5월)' 및 '오존층을 파괴 하는 물질에 관한 몬트리올 의정서(1987년 9월)'가 각각 27개국, 31개국의 서명을 얻어 성문화되게 되었다. 이들 의정서는 1988년 12월 16일에 유럽 공동체(EC) 여러 나라의 일괄 가입에 의해서 필요한 수의 체결국 비준을 얻어 1989년 1월 1일부터 발효되었 다. 일본 국회에서의 승인(비준)은 1988년 4월 27일에 이루어졌다.

몬트리올 의정서에서 규제 대상이 된 것에는 프레온11, 12, 113

외에 114와 115를 포함한 5개의 프레온 외에 3개의 할론(halon)
이 포함되어 있다. **할론**이라는 것은 메탄이나 에탄 중의 수소 원자
를 플루오르와 염소뿐만 아니고 브롬(Br)을 포함한 3개의 원자로
치환한 것이다. 이들 원자는 일반적으로 할로겐 원자라고 부르는
동족 원자(同族原子)로서 브롬 산화물의 오존을 소멸시키는 촉매
작용은 염소 산화물보다 더 강하다는 것이 알려져 있다. 이때문에
할론이 대기중에 방출되는 것은 성층권을 한층 더 파괴하는 위험
성이 있다.

또한 할론은 소화 작용이 뛰어나고 대상물을 오염시키지 않기
때문에 위험물 저장고의 소화제 따위에 사용된다. 그밖에 할론에는
군수적 용도가 있다. 몬트리올 의정서에 의하면 프레온이나 할론의
생산·소비는 우선 1986년 수준으로 동결하고 앞으로 10년간에 반
감시키기로 했다.

1988년 3월 15일에 실시된 NASA의 오존 트랜드 패널은 현재
까지 프레온에 의해서 감소되었다고 생각되는 성층권의 오존량을
전세계에서 연평균 약 2.5%라고 보고했다(표 7 참조). 이 값은 그
겨우 반 년 전의 몬트리올 회의 때 발표된 0.5%보다 5배나 큰 값
이었다.

다시 1987년 남극의 봄에서 관측한 결과에 대한 해석이 진척되
어 오존 홀이 한층 더 진행되고 있다는 것이 판명되었다. 이들 사
태를 중대하게 보아 몬트리올 의정서를 재평가하는 회의가 1989
년 5월에 헬싱키에서 열렸다. 그 결과, 5개의 프레온은 '2000년까
지 가급적 빠른 시기에 전폐할 것', 3개의 할론에 대해서도 '실행할
수 있는 한 빨리 삭감할 것'이라는 헬싱키 선언이 업저버를 포함한
참가 80개국이 만장 일치로 채택되었다.

7. 프레온 대체품의 개발은 가능한가?

오존 트랜드 패널에 관한 발표가 있었던 직후가 되는 1988년 3월 24일에 미국에서 가장 많이 프레온을 생산하고 있는 뒤퐁사가 그 생산을 전면적으로 정지한다는 방침을 내세웠다. 뒤퐁사는 그 직전까지 근거가 불충분하다고 해서 규제에 반대를 주장하고 있었는데도 갑자기 결단을 내린 것은, 만일 진짜로 프레온에 의해서 성층권 오존이 감소한다면 그 책임은 실로 중대하며, 도저히 한 기업으로는 짊어질 수 없다는 위기감이 있었던 것이라고 생각된다. 그와 함께 그 뒤에는 프레온의 대체품에 대한 연구가 상당히 진척되었거나, 그런 전망이 있다는 것을 시사하는 것이라고 생각된다. 사실로 각 기업은 프레온 대체품의 개발에 진지하게 착수하고 있고 그것들의 성과가 가까운 장래에 열매를 맺을 것이라고 기대해도 될 것이다.

프레온 대체품에 요구되는 것은 안전성, 무독성, 낮은 끓는점, 약한 표면 장력, 저렴성 따위 진짜와 유사한 성질을 가짐과 동시에 화학적으로 불안정하여 대기중에서 속히 분해되는 것이다. 그러기 위해서는 메탄이나 에탄 중의 수소 원자 모두를 할로겐으로 치환하지 않고 일부의 수소 원자(H)를 남겨 놓는 것이 하나의 방법이다. 그렇게 불완전하게 치환된 프레온은 화학적으로 불안정하여 일산화수소(OH)와 반응하여 쉽게 분해하므로 성층권에 들어가기전에 소멸한다.

CFC11이나 12의 대체품으로 유망시되고 있는 CFC123이나 134a는 10자리의 숫자가 각각 2와 3이므로 그림 52의 규칙에서도 알 수 있는 것처럼 각각 1개 및 2개의 H원자를 가지고 있다. 이들 H원자를 포함하는 프레온을 오존층에 악영향을 미치는 프레온 (CFC)과 구별하기 위해서 최근에는 HCFC라는 기호로 부르는 일이 많다. 예를 들면, 앞에서 얘기한 프레온 123은 HCFC123인데, 프레온 134a인 경우는 염소가 없으므로 HCF134a라고도 한다. 또 여기에서 a가 붙는 것은 같은 원자로 된 분자이고, 원자 배열이 다르다는 것을 구별하기 위해 붙이는 기호이다. 표 6의 CFC22도 1개의 H를 가진 프레온의 한 예로 HCFC22라고 불러야 한다. 이 프레온은 가정 냉방에는 적합하지만 고온·고압에서 작동될 것이 요구되는 자동화 냉방에는 적합하지 않다.

이밖에 대체품 개발에는 여러 가지 것이 생각되고 있는데 기업의 비밀 부분도 있어서 그에 대한 상세한 것은 여기서는 얘기할 수 없다. 원리적으로는 대체품 개발은 그다지 어려운 일은 아니지만 다액의 개발비와 설비 투자가 필요하므로 경제성도 고려해야 한다. 개발물이 모든 점에서 안전하고 발암성이 없고 온실 효과로 봐도 문제없다는 것이 확인돼야 하는 것은 당연하고 상당히 긴 세월이 걸린다는 것은 알 수 있을 것이다.

CFC131 등을 일렉트로닉스 부품의 탈지·세정에 사용할 때는 알코올, 아세톤, 계면 활성제 등을 혼합한 액체로 사용한다. 그 액체가 폐기되었을 때에 그들의 기화에 의하여, 또한 한번 사용한 폐액을 자동 세정 장치를 사용하여 가열 증류한 뒤 냉각·응축하여 원래대로 되돌릴 때, 일부 응축되지 못하는 부분이 기체로 대기중에 방출된다. 이들 폐액의 회수를 완전히 하면 프레온이 대기중에 방출되는 것을 방지할 수 있다.

또 최근에 미국에서 중요시되고 있는 자동차 냉방에 사용되는 프레온에 대해서도 냉방 장치에서 프레온이 새는 것을 방지함과 동시에 폐차로부터 냉방 장치를 회수하여 프레온을 빼내면 대기중에 방출되는 것을 상당히 방지할 수 있을 것이다.

O₃

XII

남극 오존 홀은 왜 생기는가?

1. 남극에 있어서의 이상 현상의 발견

일본의 남극 관측 기지[쇼와(昭和) 기지, 그림 62]에서 1982년
에 월동하여 도브슨 분광계를 사용하여 성층권 오존을 관측하고
있던 기상 연구소의 주하치(忠鉢繁) 연구관은 남극의 봄에 해당되
는 9월에서 10월에 걸쳐 성층권 오존 밀도가 이상적으로 작다는
것을 알아냈다.

그림 63에 태양광, 천정광(天頂光), 월광 등 여러 가지 빛을 사용
하여 주하치씨가 성층권 오존을 관측한 결과를 보였다. 남극의 겨
울에는 태양이 전연 비치치 않기 때문에 달빛을 이용하여 관측이

그림 62 남극 관측을 위한 일본의 쇼와(昭和) 기지[교도(共同) 통
신 제공].

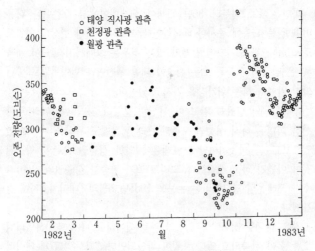

그림 63 쇼와(昭和) 기지에 있어서의 1982년의 성층권 오존 관측 결과, 9~10월에 오존이 이상적으로 적어졌음(기상 연구소의 주하치(忠鉢繁)씨의 작성에 의함).

실시된다. 고위도에 있어서의 성층권 오존의 계절 변화는 그림 21에서 볼 수 있는 것처럼 이른 봄에 가장 많은 오존량이 있을 것인데, 이들 관측에서는 반대로 봄에 가장 적은 오존이 관측된 것에 주하치씨는 처음에 당혹했다. 기기의 고장이거나 무슨 잘못에 의한 관측 오차일지도 모른다고 생각한 그는 다음 1983년 겨울에는 한층 주의깊게 관측하였더니 다시 똑같은 현상이, 더욱이 전 해보다도 한층 현저하게 일어나고 있다는 것을 발견했다. 이 이상 현상의 발견을 주하치씨는 1984년 5월에 그리스에서 열린 성층권 오존 국제회의에서 발표했다.

같은 무렵에 영국의 남극 기지 핼레베이에서는 파먼(Joe Farman)들이 1982년에서 연속 3년간이나 계속하여 9월과 10월에 일어난 이상 현상에 골치를 앓고 있었다.

파먼은 1957년부터 30년 가까이 핼레베이에서 오존이나 다른 미량 성분 관측에 종사한 베테랑인데, 만일 이 이상 현상의 원인으로 그들의 관측 기기에 문제가 있는 경우는 그때까지 근근이 계속해 온 남극의 성층권 오존 관측에 대한 예산이 이번이야말로 중단되지 않을까 하는 위기감을 가지고 있었다.

주하치씨의 발표를 알고 이 이상은 분명히 자연 현상이라고 확신한 파먼은 다시 성층권 오존과 프레온 문제도 관심을 가지고 있었으므로 곧 이것이야말로 프레온에 의한 성층권 오존이 감소된 것이 아닌가 하고 생각했다. 그리고 그가 관측한 성층권의 오존 감소가 프레온의 영향이라는 논문을 1985년 5월의『네이처』지에 발표했다.

같은 해 8월에는 인공 위성의 관측 데이터를 다시 조사하였더니 오존 홀이 관측되고 있다는 것이 확인되었다. "더 주의깊게 데이터를 관찰하고 있었으면 남극 오존 홀은 인공 위성으로 먼저 발견되었을 것인데."라는 비난도 나왔으나 차례차례 쌓이는 방대한 양의 인공 위성의 관측 자료를 '급속하게 처리하여' 새로운 발견에 유용하게 이용하는 것이 얼마나 어려운가가 밝혀져서 개선이 요망되고 있다.

이런 일련의 사건에 자극되어 뜻 있는 과학자들은 1986년 3월에 의론하여 그 해의 남극 겨울에 특별 탐험대를 파견할 계획을 세웠다.

이 제1차 탐험대는 NASA와 NSF(National Science Foundations, 미국 과학 기금 재단)의 임시 특별 예산의 원조를 얻어 짧은 준비 기간이었는 데도 불구하고 필요 기기를 갖추어 5개월 후에는 남극으로 향해서 출발할 수 있었다.

탐험대는 아주 추운 맥머도(McMurdo) 기지에서 기구를 올리거나 가혹한 남극의 자연환경과 싸우면서 측정기의 이상이나 조작 곤란을 극복하여 예상 이상의 결과를 얻는데 성공했다. 대장인 솔로먼(Susan Solomon)은 오존 홀에서의 오존 감소가 화학 반응에 의한 것이라는 확신을 얻고 그런 견해를 기자 회견에서 얘기했다. 그러나 공기의 운동 등의 기상 조건의 변화가 원인이라고 생각하는 과학자들 중에는 "화학자인 솔로먼은 편견에 사로잡혀 기상학자들이 의견이 있다는 것을 무시했다."고 비난하는 사람도 있었다.

1987년에는 전 해의 탐험대가 얻은 결과를 재확인하여 다시 정밀한 관측을 하기 위해서 두번째 탐험대를 파견하게 되었다. 이번에는 충분한 준비 기간이 있었기 때문에 NASA 에임즈 연구소의 ER2 항공기를 사용하기로 했다. 이것은 성층권내에서 직접 관측하므로 먼저번 지상 관측에 비하여 훨씬 뛰어난 관측 방법이지만, NASA는 ER2기를 겨울의 남극 상공에 비행한 경험이 없어서 상당한 위험이 뒤따르는 일이었다. 그러나 일의 중대성에 비추어 NASA도 ER2의 비행사도 위험을 무릅쓰고 이 관측을 실행하는데 동의했다. 그리고 화학 반응설의 결정적인 증거가 되는 일산화염소(ClO)의 농도나 극성층권운(極成層圈雲, 나중에 제4항에서 자세히 설명한다)의 성층권내에서의 관측을 중점적으로 하여 기온의 변화 등도 정밀하게 관측하기로 했다. 제2차 탐험대는 1987년 겨울에 남극 상공의 성층권 관측을 성공리에 마치고 오존 홀이 염소 산화물의 촉매 작용으로 일어난다는 것을 거의 확정적으로 알아냈다.

다음에 이들 비행기 관측이나 지상 및 인공 위성 관측에서 밝혀진 오존 홀의 실태에 대해서 얘기하겠다.

2. 남극 오존 홀의 특질

남극 오존 홀의 정식 이름은 '남극의 봄 기간 동안의 성층권 오존의 이상적인 감소'이며 오존이 아주 없어져서 구멍이 뚫려 있거나 1년 중 오존이 계속 감소하는 것은 아니다. 9월과 10월 이외는

그림 64 쇼와(昭和) 기지와 남극점에서의 10월의 오존 전량의 변화.

거의 예년과 변함없는 오존량이 존재한다. 그리고 이 이상은 1979
년 이전 관측에서는 볼 수 없었던 것이다.

쇼와 기지(昭和基地)와 남극점에 있어서 10월의 오존 전량이
1979년 이후 불규칙한 변화를 하면서도 매년 감소하고 있는 모양
은 그림 64에 보였다. 마지막 1988년에 오존이 증가하고 있는데,
이에 대해서는 나중에 얘기하겠으므로(196쪽) 여기서는 이것을 제
외하고 생각하기로 한다.

현재, 남극 대륙에서 정기적으로 오존을 관측하고 있는 관측소는
쇼와 기지를 포함하여 그림 65에 보인 다섯 곳이다. 파면 등에 의
하면 핼리 베이 기지(남위 75.5도)에서 1984년 10월에 관측된 오
존 전량은 1957년에서 1973년까지의 평균값에 비해서 30~40%
적어졌는데, 같은 영국의 패러데이 기지(남위 65.3도)에서는 거의
변화가 없었다. 쇼와 기지의 위도는 남위 69°이며 영국의 두 기지
의 꼭 중간 위도에 있다. 일반적으로 오존 홀을 볼 수 있는 것은
남위 70도보다 고위도이고 동경 30도에서 서경 60도 사이라고 했다.

그후의 인공 위성에서의 관측에 의하면, 1987년에는 감소 영역
이 극(極)을 포함하는 전역에 퍼져 있다. 그림 66 (a)와 (b)는 각

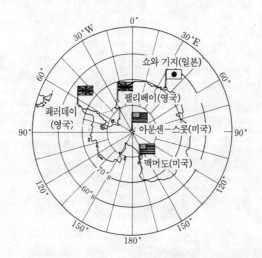

그림 65 남극 대륙에서 성층권 오존을 정기적으로 관측하고 있는 기지.

각 오존 홀이 없을 때인 1979년 10월과 그것이 현저히 나타난 1987년 10월의 오존 전량의 분포를 보였는데, 1987년에 있어서의 남극점을 중심으로 하는 지역의 값은 140도브슨이며 1979년의 값 (300도브슨)의 절반 이하라는 것을 알 수 있다.

오존 홀이 진행된 1986년의 남극점에 있어서의 매일의 오존 전량 변화는 그림 67과 같다. 9월에서 10월에 걸친 감소가 두드러짐과 동시에 11월에 있어서의 회복이 급격하고 크다는 것을 보여준다.

오존 홀이 발달했을 때, 어느 높이의 오존이 감소하였는가를 나타내기 위해서 그림 68에서 미국의 맥머도 기지에 있어서의 1986년 8월 28과 10월 16일의 오존 분포를 비교해 보았다. 10월 16일의 오존 분포에서는 12km에서 20km 사이의 하부 성층권에서 오존 밀도가 현저히 감소되어 있다는 것을 볼 수 있다.

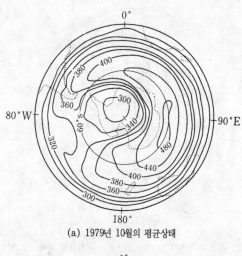

(a) 1979년 10월의 평균상태

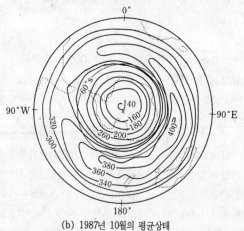

(b) 1987년 10월의 평균상태

그림 66 인공 위성으로 관측된 남극에서의 오존 전량 분포. (a) 1979년 10월 (b) 1987년 10월의 관측(권두 그림의 컬러 사진 참조).

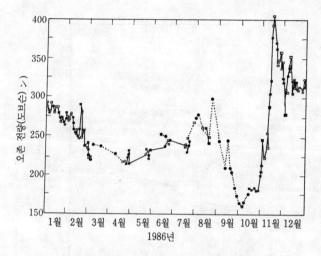

그림 67 남극점에 있어서의 1986년의 오존 전량의 변화.

1987년 9월 16일에 ER2기로부터 고도 18km에서 관측된 오존과 일산화염소(ClO)의 위도 변화는 그림 69와 같다. 위도 70도보다 고위도에서 ClO 농도가 갑자기 커짐과 동시에 오존 농도가 감소되어 있다는 것을 볼 수 있다.

또한 제2차 탐험대는 오존 홀 속에 질소 산화물(NO_2나 HNO_3)이 적다는 사실도 확인하였다. 이들 사실, 특히 그림 69는 오존 홀이 프레온에 의해서 일어나고 있다는 것을 나타내는 결정적인 증거가 되었다. 이에 의해서 모든 반대 의견은 자취를 감추고 프레온에 의한 성층권 오존 감소가 현실적으로 일어나고 있다는 것이 세계의 과학자, 정치가, 기업가를 포함한 모든 사람에게 인정되게 되었다. 그리고 프레온 규제의 세계적 합의가 급속히 진척되게 되었다.

다음에 오존 홀이 발달할 때의 기온 변화에 대해서 알아보자. 그림 70에 남반구의 고위도(70~80도) 하부 성층권에 있어서의 9

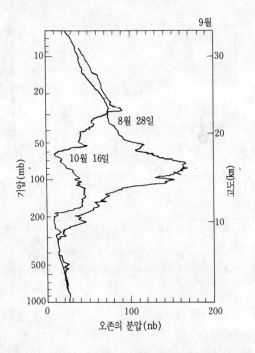

그림 68 맥머도 기지에서의 오존 홀이 없을 때(1986년 8월 28일)와 오존 홀이 있을 때(1986년 10월 16일)의 오존 분압의 고도 분포.

월에서 11월까지의 기온 변화를 보였다. 10월의 기온을 보면 해마다 하강하는 경향이 보이는데, 특히 1978~1980년과 1981~1983년의 그룹을 비교하면, 후자의 온도쪽이 전자보다 낮다. 이것은 오존 홀이 발달하는 해의 10월 기온은 그것이 발달하지 않는 해보다 낮다는 것을 나타낸다. 또 그림 70으로부터는 11월에 들어 와서 겨울에서 여름 온도가 '최종적으로 승온(昇溫)'했다는 것을 알게 된다.

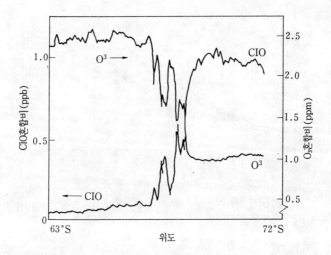

그림 69 ER2기로 관측된 오존과 일산화염소의 위도 분포. 1987 년 9월 16일에 남반구 고도 18km에서 관측된 것.

남극에서 기온이 가장 낮아지는 것은 6월에서 7월에 걸친 한 겨 울인데, 이때 기온은 190K 이하로 내려가고 극지방의 성층권에 특 유한 극성층권운이 많이 발달한다. 이 구름은 질산이 섞인 얼음 입 자로 되어 있고, 오존 홀이 발달하는 9월에서 10월 사이인 봄에는 기온 상승과 더불어 증발하여 서서히 소멸한다. 나중에 얘기하는 것처럼 극성층권운의 생성·소멸은 오존 홀의 생성·발달에 밀접한 관계가 있다는 것이 밝혀졌다.

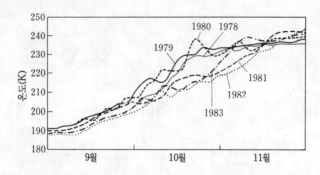

그림 70 남반구 고위도의 30mb 높이에서의 기온 변화, 1979년에서 1983년까지의 9월에서 11월까지의 변화를 보여주고 있다.

3. 운동 효과인가, 광화학 작용인가?
— 프레온이 장본인인 것 같다

오존 홀이 왜 생기는가를 아는 데에는 앞에서 얘기한 오존 홀의 특질 모두를 설명할 수 있는 기구를 생각해 보아야 한다.

성층권 오존이 변화하는 원인은 광화학 작용이거나 기상학적 운동의 효과 중의 어느 한 쪽이므로 오존 홀 생성에 이들이 어떻게 관련되어 있는가를 밝히는 것이 기본적 문제가 된다. 만일, 오존 홀의 원인이 광학학 작용에 있다면 오존이 실질적으로 감소하는 것을 의미하며, 그것이 프레온의 영향일 가능성이 있다. 그러나 오존 홀의 원인이 운동의 효과이면 단지 오존의 분포 상태가 변할 뿐이며 프레온의 영향은 부정되게 된다.

3a 운동의 효과설

그림 68을 보면, 오존 홀 속에서는 12km에서 20km의 하부 성층

권에서 오존이 격감하고 있다. 일반적으로, 하부 성층권에서는 오존의 광화학적 수명이 길기 때문에 오존 밀도가 운동 효과에 따라 결정된다는 것은 제1장 제4항에서 설명한 것과 같다. 그래서 남극의 오존 홀도 운동의 효과로 일어난다고 생각하는 것은 극히 자연스러운 일이다.

그런데 그림 68의 10월 16일의 오존의 수직 분포는 그림 22에 있는 저위도(5N) 분포와 비슷하다. 저위도의 오존 분포인 경우에 25km 이하의 하부 성층권에서 오존이 적은 것은 적도 부근의 상승기류에 의하여 오존이 적은 대류권 공기가 성층권에 반입되는 것과 적도로부터 중·고위도로 향하는 공기 흐름에 따라 오존이 고위도로 운반되는 것이 원인이었다. 이때문에, 남극 오존 홀인 경우에, 예를 들면 엘 치촌 화산의 폭발에서 뿜어올려진 분진(粉塵)이 남극 상공에 정체하여 태양 광선을 흡수한 결과, 성층권 대기가 가열되어 상승 기류가 생겨서 오존을 감소시켰다는 생각이 제안되었다. 그러나, 그 영향이 9월·10월에만 일어난다는 것과 그것이 증대하면서 1987년까지 계속하였다고는 생각하기 어렵다.

고위도에 있는 오존은 주로 중·저위도로부터 수송되어 온 것이므로 오존 홀이 생길 때에는 무슨 원인으로 이 수송이 약해진 것이 아닌가 추리하는 것도 당연하다고 생각된다. 만일 그렇다고 하면 수송되지 않은 오존이 중위도에 남아 있어서 그곳의 오존이 증가되어 있어야 한다. 그러나, 남극에서 오존 홀이 해마다 커지고 있는 만큼 오존의 증가가 중위도에서 일어나고 있는 증거는 없다. 그뿐만 아니라 오히려 남반구 중위도의 성층권 오존도 해마다 감소하는 경향에 있다.

이렇게 운동 효과로 남극의 오존이 준다고 하기는 어려운 일 같다. 대규모적인 대기 운동이든 극지적인 운동이든 운동으로 대량의 오존을 남극 상공으로 유입하는 것을 저지하거나 거기서부터 오존을 운반해 내는 것이 어려운 데다가, 오존 홀 속에서 일산화염소가 늘어나고 질소 산화물이 주는 일을 마찬가지 운동의 효과로 설명하는 것은 불가능하다.

그러나 운동 효과설에 전혀 매력이 없는 것은 아니다. 오존을 수송하는 운동은 열량(熱量)도 수송하므로 운동의 효과로 오존 홀을 설명할 수 있다는 이론에는 동시에 온도 서하노 설명할 수 있다는 이점이 있다. 상승 기류인 때에는 단열 팽창으로 온도가 내려간다고도 생각된다. 이에 대해서 다음에 설명하는 광화학설에서는 오존 홀의 생성과 기온 저하의 관계에 대해서 아직 충분한 설명이 내려지고 있지 않다. 또한, 저위도에서의 해면 온도의 상승 등으로 오존을 포함한 물질이나 열량을 고위도로 수송하는 대기의 대순환이 1980년대에 들어와서 약해졌다는 이론적 연구도 있다.

3b 광화학 반응설(프레온의 영향)

프레온에 의한 광화학 반응설로 오존 홀을 설명하려면, 먼저 9월이나 10월에 오존 소멸에 중요한 일산화염소 등의 염소 산화물이 하부 성층권에 많이 생기는 이유를 설명해야 한다.

프레온으로부터 유리되는 염소 원자는 대부분이 하부 성층권에서는 주로 염화수소(HCl)나 염소의 질산염($ClNO_3$ 또는 $ClONO_2$)의 형태로 '저장'되어 있다. 전자는 주로 염소 원자와 메탄(CH_4)의 반응에 의하여 생성되며, 후자는 일산화염소(ClO)와 이산화질소(NO_2)의 반응으로 생긴다. 반대로 HCl이나 $ClONO_2$로부터는 태양 자외선에 의한 해리로 염소 원자가 유리되므로, 이들 '저장 물질'은 대기중의 염소 원자의 생성·소멸을 제어하여 그 농도를 결정하는 작용을 하고 있다.

남극의 겨울에서 하루 종일 태양이 비치지 않을 때에는 해리가 일어나지 않으므로, 염소 원자의 대부분은 HCl이나 $ClONO_2$의 형태인 '저장 물질'에 자꾸 축적되어 간다. 그리고, 봄이 되어 태양 광선이 비치게 되면 해리에 의해서 염소 원자가 단번에 유리되므로

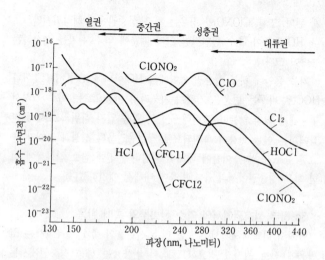

그림 71 오존 홀 생성에 관계있는 염소를 함유하는 분자의 흡수 단면적 스펙트럼.

오존 소멸의 촉매 작용이 갑자기 커진다.

여기서 이들 분자가 분리되기 위해서 필요한 자외선 파장을 알아 보자.

그림 71에 여러 가지 분자의 흡수 단면적 스펙트럼을 보였는데, 위의 가로축에 각 분자가 자외선을 흡수하여 해리되는 영역을 나타내었다. 파장이 짧은 자외선은 상부 성층권에서 흡수되어 버리므로 하부 성층권에는 도달하지 않게 되고 HCl과 같이 파장이 짧은 자외선으로 해리되는 분자는 하부 성층권에서는 해리되지 않는다.

그림 71을 보면, 하부 성층권에서 쉽게 해리되는 것은 파장이 긴 자외선으로 해리되는 염소 분자(Cl_2)나 수산화염소(HOCl) 등의 분자이다. 그래서, 겨울 동안에 HCl이나 $ClONO_2$를 이들 분자로 바꿀 수 있다면, 봄이 되어 염소 분자가 하부 성층권에 많이 생기

게 된다. 또한, $CIONO_2$인 경우는 하부 성층권에서 해리되지만, Cl_2 나 HOCl 쪽이 흡수 단면적인 크기 때문에 염소 원자를 생성하는 능력이 크다.

겨울 동안에 하부 성층권 높이에서 HCl이나 $CIONO_2$를 Cl_2이나 HOCl로 바꾸는 반응은 기체 분자끼리의 반응으로는 아주 느려서 +문제가 되지 않는다. 그런데 구름의 얼음 입자 따위의 고체 표면 상에서는 이들 반응이 촉진되므로 극성층권운의 생성과 존재가 중요한 요소가 된다. 이들에 대해서 설명하기 전에 염소 산화물에 의한 하부 성층권에서의 촉매 반응에 대해서 얘기하겠다.

3c 하부 성층권에서의 염소 산화물의 촉매 반응

앞에서 화학식 4에서 설명한 염소 산화물의 촉매 반응에서는 R_8 반응에 산소 원자가 필요하므로, 이 반응계는 하부 성층권에서는 일어나기 어렵다. 따라서, R_8 대신 산소 원자를 필요로 하지 않고 ClO를 Cl로 바꾸는 반응으로 R_7 반응과 더불어 염소 산화물의 촉매 반응계을 완성시키는 기구를 찾아내야 한다.

우리는 그림 69에서 오존 홀 속에서는 ClO가 아주 증가한다는 것을 알았다. 거기서는 ClO끼리의 반응이 커진다고 생각된다. 이 반응은 화학식 6의 R_{10}로 표시되는 것처럼 ClO의 중합체(2개의 같은 분자의 결합에 의해서 생기는 분자)를 만든다. 그로부터는 J_4나 R_{11}의 반응에 의해서 염소 원자가 생성된다. 화학식 6에 있는 모든 반응을 더하면 알게 되는 것처럼, 이 촉매 반응계의 종합적 효과는 2개의 오존을 3개의 산소 분자로 바꾸는 작용을 한다.

하부 성층권에서 염소 산화물의 촉매 작용에 의해서 오존이 줄기 위해서는 화학식 6의 반응계 중에서 R_{10} 반응이 유효하게 일어나는 일이 중요하다. 이 반응이 오존 홀 속에서 증대하는 것은 다음 사실로부터도 분명하다. 즉, 이 반응 속도는 ClO 밀도의 제곱에 비례하므로 오존 홀 속에서는 ClO의 밀도와 함께 커지는 한편, 이

$$R_7 \qquad O_3 + Cl \rightarrow O_2 + ClO$$

$$R_{10} \qquad ClO + ClO + M \rightarrow (ClO)_2 + M$$

$$J_4 \qquad (ClO)_2 + \overset{\text{태양 자외선}}{\longrightarrow} Cl + ClOO$$

$$R_{11} \qquad ClOO + M \rightarrow Cl + O_2 + M$$

$$2R_7 + R_{10} + J_4 + R_{11} \qquad 2O_3 \rightarrow 3\mathbf{O_2}$$

화학식 6 오존 홀 속의 하부 성층권에서 일어나는 염소 산화물의 촉매반응.

$$R_{12} \qquad NO_2 + O_3 \rightarrow NO_3 + O_2$$

$$R_{13} \qquad NO_2 + NO_3 + M \rightarrow N_2O_5 + M$$

$$R_{14} \qquad N_2O_5 + H_2O \rightarrow 2HNO_3$$

화학식 7 오존 홀 속에서의 NO_2가 줄어드는 기구.

에 대항하는 ClO와 NO_2의 반응은 오존 홀 속에서는 NO_2가 감소하므로 늦어진다. 오존 홀 속에서는 NO_2가 적다는 것이 관측되고 있는데, 그 이유로서는 화학식 7과 같은 기구가 생각되고 있다. 이 것에 의해서 NO_2가 HNO_3로 변하여 적어짐과 함께 이것으로 생기는 HNO_3는 뒤에서 얘기하는 것처럼 극성층권운의 생성에 중요한 작용을 한다. R_{14}의 반응도 기체끼리의 반응인 경우는 아주 느리지만, 성층권운의 얼음 입자 위에서는 빨리 일어난다.

· 화학 반응설의 문제점은 오존 홀이 발달하는 해의 10월에 기온이 낮은 것(그림 70 참조)을 어떻게 설명하는가 하는 점에 있다. 이에 대해서는 기온이 낮은 것은 오존이 적어진 결과라는 생각이 있다. 또한 기온이 낮은 것은 이산화탄소나 프레온 등의 증가로 성층권으로부터 우주 공간으로의 적외선 복사가 증가하였기 때문이라는 생각도 있다. 후자의 경우는 10월뿐만 아니고 연간을 통하여 온도가 낮아져야 한다. 최근의 해석 결과로는 1980년대에 들어와서 상부 성층권이나 남극의 하부 성층권에서 그런 경향이 일어나고 있다고 주장하는 학자도 있다.

4. 극성층권운의 역할

여기까지 여러번 얘기한 것처럼, 남극 오존 홀 생성에는 **극성층권운**(Polar Straspheric Clouds, 생략하여 **PSC**)이 중요한 역할을 다하고 있다. 이 얼음 입자의 구름은 남극의 한 겨울에 기온이 190K 이하로 내려갔을 때에 발생한다. 그림 70에서 볼 수 있는 것 같이 남극의 6월에서 8월에 걸쳐서 성층권 온도는 190K 이하가 된다.

제X장 제4항에서 얘기한 것처럼 18km에서 22km의 성층권에는 25%의 황산(H_2SO_4)을 포함한 물방울으로 되어 있는 에어로졸 입자층(융계층)이 존재한다. 보통, 이 높이의 성층권 온도는 220K 이상인데(그림 3 참조), 기온이 내려가서 200K가 되면 이들 입자는 얼어서 황산의 얼음 입자가 된다. 입자 크기도 0.7μ에서 0.14μ으로 성장한다. 더 온도가 내려가면 이것을 핵으로 하는 질산(HNO_3)의 얼음 입자가 생겨서 입자도 1μ 정도의 크기가 된다.

PSC의 입자가 황산이 아니고 질산의 얼음 입자로 되어 있다는 것은 PSC를 통과하는 빛의 감쇠 상태로부터 결론을 얻을 수 있다.

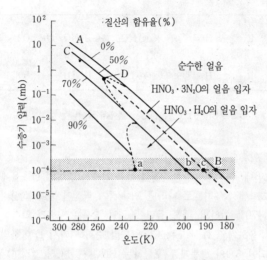

그림 72 질산을 함유한 수증기의 포화 증기 곡선.

일반적으로 기체 분자는 각각 특유한 포화 증기 압력을 가지고 있고 그것은 온도에 따라서 변한다. 기체의 증기 압력은 그 온도의 포화 증기 압력보다 큰 경우는 여분의 양은 액체가 되거나 고체가 되기도 한다. 바꿔 말하면, 기체 분자의 온도가 포화 증기 압력의 온도보다 낮아지면 액화(液化) 또는 고화(固化)가 일어난다.

순수한 수증기인 경우는 수증기의 얼음(ice)에 대한 포화 증기 압력과 온도의 관계는 그림 72의 AB선으로 나타낸 것처럼 되어 있다. 하부 성층권에 있어서의 수증기 분압은 그림에서 사선을 친 부분에 있으므로, 예를 들어 가로선으로 나타낸 10^{-4}mb의 수증기 압력인 경우에, 그것이 고화하여 얼음 입자가 되는 데는 온도가 포화 증기 압력 곡선과 가로선이 교차되는 B점에 상당하는 185K 이하로 내려가야 한다. 실제로 겨울의 남극 상공의 하부 성층권 온도는 190K 정도로 이보다 몇 도나 높기 때문에 순수한 수증기만으

R_{15}	HCl	+	$ClONO_2$	$\rightarrow$	HNO_3	+ Cl
R_{16}	H_2O	+	$ClONO_2$	$\rightarrow$	HNO_3	+ $HOCl$

화학식 8 극성충권운(PSC) 위에서 일어나는 화학 반응.

로는 얼음(ice) 입자는 생기지 않게 된다.

그런데 수증기와 질산의 혼합물인 경우는 질산의 함유율에 따라서 그림에서 %기호로 나타낸 포화 증기 곡선이 된다. 질산의 함유율이 70% 이하의, 예를 들면 50%인 경우는 수증기 압력의 변화에 대응하여 포화 온도는 CD에 따라 변화해 가서 D 이하의 온도가 되면 3개의 물분자를 포함하는 $HNO_3 \cdot 3H_2O$의 결정이 생겨서 빙결한다. 또한, 70% 이상의 질산을 함유하는 경우는 1개의 물분자를 포함하는 $HNO_3 \cdot H_2O$의 결정이 생겨서 빙결한다. 어느 쪽이든 하부 성층권의 수증기는 가로선상의 B보다 왼쪽의 a, b, c 등의 점에 해당하는 온도에서 빙결하게 된다.

실제로는 어느 온도에서 빙결하는가는 질산의 함유율에 의존한다. 190K 정도에서 얼음 입자의 구름이 생기기 위해서는 c 근방에서 빙결되어야 하므로, 질산의 함유율은 50% 정도가 된다. 그리고 얼음 입자는 3개의 물분자를 포함하는 질산 입자($HNO_3 \cdot 3H_2O$)를 핵으로 가진 것이어야 한다.

PSC의 얼음 입자상에서는 화학식 8에 보인 것 같은 반응이 촉진되는 결과, Cl_2나 $HOCl$이 생긴다. 이들 분자는 봄이 되어 PSC의 얼음 입자가 증발할 때에 기체 분자로서 대기중으로 방출되고 그것들의 해리에 의해서 염소 원자가 하부 성층권에 생긴다는 것은 앞에 얘기한대로이다. 또한 화학식 7에 있는 R_{14}의 반응도 보통의 기체 반응에서는 아주 느린데 분자가 얼음 입자 위에 부착하면 반응이 일어날 확률이 증가한다. 이 반응과 화학식 8의 R_{15} 및 R_{16} 의 반응으로부터는 HNO_3이 생기므로, 이들은 일부 PSC의 생성을 돕는 작용을 하지만, 커진 질산의 얼음 입자(190K 이하에서는 수 μ의 크기로 성장한다)는 중력에 의한 낙하 속도가 증가하므로 점 차 대류권에 하강하여 성층권에서 없어진다.

이들 작용은 오존 홀 속에서 질소 산화물이 적다는 관측 사실을 설명해 줌과 더불어 ClO이 NO_2와 반응하여 없어지는 것을 적게 하여 화학식 6의 염소 산화물의 촉매 작용을 조장하고 있기도 하다.

남극의 한 겨울 성층권이 190K 이하의 온도로 내려가는 데는 이른바 '극야(極夜)'로 겨울 동안에 태양 광선이 전혀 비치지 않는 것 외에 겨울 극지에 생기는 **주극맴돌이 운동** 또는 **극맴돌이** (Polar Vortex)의 발달이 관계하고 있다. 제 VI장 제3항에서 얘기 한 것처럼 겨울의 극지방에는 극을 둘러싸는 강한 서풍이 있고(그 림 31 참조), 북극인 경우에는 그것이 크게 곡류(曲流)하여 제트류 을 형성하고 있다. 그 모양은 시시각각 변화하여 일정하지 않고, 또 한 맴돌이 중심도 북극점과 반드시 일치하지 않는다. 이에 대해서 남극인 경우는 남반구 지형이 단순하고 남극 대륙이 사방이 바다 로 둘러싸여 있기 때문에 극맴돌이 모양도 단순하여 원에 가깝고 그 중심도 남극점에 가까운 일정한 곳에 있다. 이러한 정상적인 원 주 운동이 생기기 때문에 저위도의 따뜻한 공기가 이 속에 들어오 지 못하게 된다. 따라서 오존 수송이 저지될 뿐만 아니라 이 속에 서의 저위도로부터의 열량 수송도 방해를 받기 때문에 극맴돌이 속이 겨울 동안 극도로 냉각되게 된다.

북극 주변 겨울에는 끊임없이 변화하는 '남북으로 곡류하는' 극맴 돌이가 생기므로 겨울 동안이라도 저위도의 오존이나 열량이 이 속에 혼입할 수 있다. 그러므로 북극의 겨울은 남극의 겨울보다는 덜 차가워지고 PSC가 생길 기회도 적을 것이다.

1989년 1월에서 2월에 걸쳐서 북극 성층권의 종합적 관측이 국제 협력으로 실시되어 일본도 이에 참가했다. 그 결과, 고도 18km를 날아오른 ER2기의 관측으로는 오존 홀이 발견되지 않았다. 이것은 북극 주변의 극맴돌이의 성질 등으로부터 생각하여 예기한 대로의 결과였다. 그러나, 기구에 의한 관측에 의하면 20km보다 위에서는 근소하지만 오존 밀도가 적어지는 곳이 발견되었다. 그 주변에는 PSC도 관측되어 북극에서도 온도가 낮고 PSC가 발달하는 장소에서는 국소적으로 오존 밀도가 감소하는 것이 증명되었다. 이때의 관측에서 나고야(名古屋) 대학의 곤도(近藤豊) 박사가 촬영한 PSC 사진이 권두에 실려있다.

그러나, 저위도 공기가 혼입되는 북극의 겨울에서는 염소 산화물, 특히 ClO의 증가가 관측되었는 데도 불구하고 남극 만큼의 대규모적인 오존 홀이 생기지 않는 것은 사실이다. 이것은 오히려 지금까지 얘기해 온 남극 오존 홀의 생성 기구가 옳다는 것을 뒷받침하는 것이라고 생각된다.

5. 성층권 돌연 이상 승온의 영향

1952년 2월 23일, 베를린 상공의 15mb(약 28km)의 높이의 온도가 2일 동안에 42도나 상승되는 것이 관측되었다. 기온의 상승역은 점차 내려가서 2주일 뒤에 200mb(약 12km)에서 소멸했다. 이렇게 큰 돌연 승온(突然昇溫)은 다음에 1957년 겨울에 미국 상공에서 일어났는데, 이때의 관측에서 그 원인이 "역학적 불안정 때문에 성층권 순환이 유지되지 못하게 되었다."는 것임이 밝혀졌다. 관측에 의하면 승온은 극지역을 포함하는 고위도에서 일어났고, 저위도에서는 반대로 온도가 근소하나마 내려갔다. 승온은 상부 성층권에서 시작되어 중·저부에 하강해 온다. 또한 처음에 서풍이었던 운

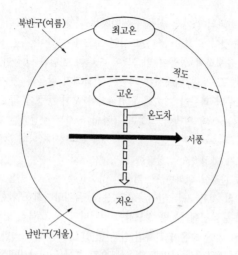

북반구(여름)

최고온

적도

고온

온도차

서풍

저온

남반구(겨울)

그림 73 남반구에 있어서 온도 기울기와 온도풍의 관계. 돌연승온
이 일어날 때는 바람과 온도차의 양쪽 화살표가 반대가 되어 극지
방이 고온이 됨.

동이 승온과 더불어 동풍으로 변하는 것을 볼 수 있었다.

성층권에서는 여름의 고위도에서 겨울의 고위도로 향해서 온도
가 하강한다. 그때문에 겨울의 반구에서는 온도는 저위도에서 고위
도로 향해서 내려가고 있다. 이 온도차에 의한 힘에 의해서 공기가
남북으로 운동하려고 하면 코리올리의 편향력이 작용하여(제Ⅵ장
제3항 참조) 북반구에서는 오른쪽으로, 남반구에서는 왼쪽으로 운
동이 휘어진다. 이 결과, 어느 반구에서도 겨울의 공기 운동은 서풍
이 된다. 이 온도차에 의해서 일어나는 바람은 **온도풍**(溫度風)이라
고 부르는데, 그림 73에 보인 것 같이 남반구에서는 서풍은 저온
영역을 오른쪽으로 보면서 불게 된다.

겨울의 고위도에서 강한 '행성 파동(行星波動)'이 대류권에서 성

층권으로 전파되어 가면 서풍의 에너지를 빼앗아 그것을 감속시키고 있다는 것이 밝혀졌다. 다시 어떤 고도에 가까이 가면 파동의 에너지를 흡수하여 동풍이 가속되어 드디어 바람은 동풍이 된다. 그리고 이 고도보다 위에서는 파동이 전파되지 않음과 동시에, 다시 밑으로부터 파동이 계속해서 전파되어 오면 동풍이 극도록 강해진다. '온도풍'의 원리에 의하면 동풍의 존재는 보통과는 반대로 고위도의 온도가 저위도보다 높다는 것을 의미한다. 이때문에 고위도의 온도가 이상적으로 상승한다.

그 후의 관측에 의하면, 이 겨울의 성층권에 특유한 승온 현상은 작은 규모의 것은 가끔 일어나고 있는데, 극지방까지 포함한 대규모적인 것은 몇년에 한 번 정도밖에 일어나지 않고, 특히 남반구에서 그런 큰 돌연 승온이 관측된 일은 없었다. 그런데, 그러한 큰 돌연 승온이 1988년의 남반구 겨울에 오존 홀이 일어난 9월에서 10월에 발생했다. 그 때문에 극맴돌이의 안정이 무너져서 남극 상공의 기온이 상승함과 더불어 중위도의 오존이 흘러 들어서 그 해는 남극의 오존 홀이 발달하지 않았다. 그림 64의 쇼와 기지의 관측 데이터에서 1988년의 오존 전량이 증가하고 있는 것은 그 때문이다.

1988년 겨울의 남극에서 일어난 특이한 상황을 더 자세히 보기 위해 그림 74에 과거 20년간에 쇼와 기지 상공 30mb에서 8월에서 11월에 관측된 모든 기온값을 극지 연구소의 간자와(神澤博)씨가 좌표로 나타낸 결과를 보였다. 선으로 나타낸 것은 1987년과 1988년의 관측이고, 전자는 20년간 중에서 가장 온도가 낮은 해였고 오존 홀이 가장 발달한 해이기도 했다. 이에 대해서 1988년의 온도는 20년간에서 가장 높았을 뿐만 아니라, 8월말에서 9월초에 걸쳐서 이상적으로 큰 승온이 일어났고 이것은 틀림없이 성층권 돌연 이상 승온이다. 또한 그 이후도 몇번인가 승온이 되풀이되어 나타났는데, 이것들은 반드시 별개의 승온 현상이 아니고 하나의 승온에 의해서 생긴 고온 지역이 운동에 의해서 이동하였기 때문

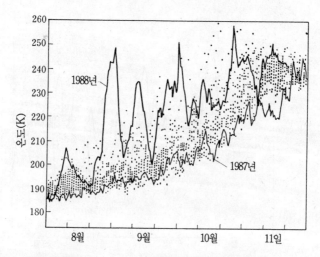

그림 74 쇼와(昭和) 기지 상공 30mb에서의 8월에서 11월에 걸친 기온의 변화. 1966~1986년의 모든 관측은 검은 점으로, 1987년과 1988년은 실선으로 보였음[극지연구소·간자와(神澤博)씨의 작성에 의함].

에 쇼와 기지 상공을 몇 번이나 통과하였기 때문인지도 모른다.

마찬가지로 오존 전량값을 도표화하면 그림 75와 같이 되어 있고 승온 시기에 오존이 증가한다는 것을 볼 수 있다. 이것은 승온의 원인이 되는 역학적 효과로 남극을 둘러싸는 극맴돌이가 파괴되어 저위도의 오존을 포함한 공기가 남극 상공에 흘러들어온 때문이다. 또한 그림 67에 보인 것처럼 11월에 오존 홀이 해소되어 갑자기 오존 전량값이 커진 것이 관측되고 있는데, 이것은 그 시기에 남극이 봄에서 여름으로 옮기면서 기온이 상승함과 더불어 극맴돌이가 파괴되기 때문이며 본질적으로는 돌연 이상 승온과 같은 현상이다. 11월의 오존 전량 회복이 아주 급격하게 일어나는 것이 그 증거이다. 11월에 기온이 급격히 상승하는 현상을 **최종 승온**

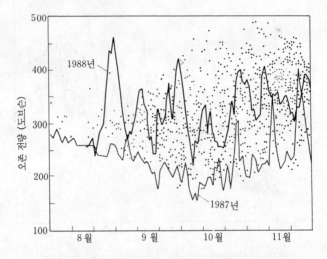

그림 75 쇼와(昭和) 기지 상공 30mb에서의 8월에서 11월에 걸친 오존 전량의 변화. 1966~1986년의 모든 관측은 흑점으로, 1987년과 1988년은 실선으로 나타냈음[극지연구소·간자와(神澤博)씨의 작성에 의함].

(最終昇溫)이라고 부른다.

남반구의 겨울에 이러한 큰 돌연 승온이 일어난다는 것은 지금까지 관측되지 않았고, 남반구 지형으로부터 생각해서 일어날 수 없다고 생각되었다. 남극의 오존 홀 관측을 기회로 그 존재가 알려졌는데, 행성 파동의 생성이나 그 전파 기구에 대해서 다시 생각해 볼 필요가 있을지도 모른다. 1988년에는 마침 돌연 이상 승온이 발생하였기 때문에 오존 홀이 나타나지 않았는데, 오존 홀의 원인이라고 생각되는 대기중의 프레온 증가는 계속되고 있으므로, 1989년 겨울에는 다시 큰 오존 홀이 관측될 것으로 예상되었다. 다만 현재는 태양활동이 상승기에 있으므로 그 영향이 어떻게 나타나는가 하는 문제에 달려있다. 돌연 이상 승온이 발생하는 것도 간

접적으로 태양 활동이 활발화되는 데에 관계가 있는지도 모른다.

1990년 12월 추기

그 뒤 인공 위성 님버스 7에 의하여 1989년과 1990년의 남극의 봄에 오존 홀의 관측 결과가 밝혀졌다.

그에 의하면, 1989년에는 1987년과 같은 정도, 또는 그 이상의 오존 밀도의 감소가 일어나고 있다는 것을 알게 되었다. 오존 밀도가 감소하는 영역의 크기는 여전히 70도보다 고위도의 하부 성층권에 한정되어 있으나, 10월 상순의 남극점 부근의 오존 전량은 100에서 125도브슨 사이로, 1987년 10월의 평균값인 140도브슨(그림 66 참조)보다 작아져 있다.

1989년은 태양 활동이 활발해지고 있는데도 불구하고 남극을 둘러싸는 주극 운동이 발달한 때문에 그 중의 온도가 예상 이상으로 냉각되어 오존 홀이 발달되었다고 생각된다. 1989년은 적도 부근의 준2년 주기 운동(적도 지대에 특유한 주기 운동으로 약 26개월의 주기로 동풍과 서풍이 교체된다)이 동풍이 되므로, 그런 때에는 지금까지의 예로 보면 성층권의 맴돌이 운동이 활발화하여 보다 많은 열을 열대 지방으로부터 극지방으로 운반하므로 남극의 온도가 그다지 내려가지 않고 오존 홀도 약화된다고 하는 예상도 있었다. 그러나 관측 결과는 이 예상을 뒤엎고 1987년을 다소 웃도는 깊이의 오존 홀이 생긴 것을 나타내고 있다.

속보에 의하면, 1990년 봄에도 남극에서 1989년과 같은 정도의 오존 밀도의 감소가 있었다고 한다. 이것은 1989년과 1990년에 걸쳐 처음으로 2년 연속하여 커다란 오존 홀이 관측된 것이 되어 드디어 사태의 중대성을 시사하는 것이라고 생각된다.

끝으로

　성층권 오존 문제는 단지 자연 과학 문제일 뿐만 아니라 정치, 경제, 사회, 그리고 윤리 문제이기도 하다. 인간이 물질적 욕망, 더 군다나 생활의 넉넉함, 편리함만을 추구하여 지구 환경의 파괴를 돌아보지 않고 살아가는 것은 이제는 허용되지 않는다.

　프레온의 본격적 생산·사용이 시작된 이래, 아직 30년밖에 되지 않는다. 프레온에 의한 전 지구 규모의 성층권 오존 파괴는 100년 이상이 지나야 진짜 결과가 나타날 것이라고 예상되므로, 현재 지구에 살고 있는 대부분의 사람에게는 그것은 자기들이나 자기 아이들이 받는 피해는 아니다. 자기들의 손자, 또는 그 보다 나중 세대가 입는 피해이다. 지금, 프레온이 대량으로 대기중에 방출되는 것을 방지하지 않으면 손자 시대 이후에 그 막대한 죄값이 돌아오게 된다. 자기들에게는 기껏 아이들 세대까지는 책임이 있지만 손자들에 대한 책임은 아이들이 져야 한다고 해도 되는가?

　1960년대에 일어난 미나마타병(水俣病)의 경우도 피해가 그렇게 확대하기전에 고양이가 미쳐서 바다에 뛰어들거나, 물고기가 대량으로 죽어 떠오르는 등의 이상 현상이 있었다고 한다. 더욱이 그 원인들이 질소 공장의 폐액에 함유되어 있는 유기 수은이라고 지적한 사람도 있었다고 들었다. 그 단계에서 손을 써 두었더라면 그러한 비참한 큰 피해를 일으키지 않고 그쳤을 것이다.

　지금의 경우에, 남극의 오존 홀이 혹시 우리들에게 위험을 알려주고 있는 이상 현상인지도 모른다. 프레온에 의한 성층권의 오존 파괴에 관한 문제나 이산화탄소나 프레온가스 증가에 의한 지구의 온난화 문제는 전지구에 걸친 대규모적인 환경 오염 문제일 뿐만 아니고 큰 변화가 한 번 일어나면 원래대로 되돌리는 것이 거의 불가능하므로, 결국 인류 전체의 존재가 위태롭게 된다는 점에서 미나마타병 등의 지역적이고 회복 가능(환자가 받은 피해는 회복 불가능하지만)한 환경 파괴와는 본질적으로 다른 중요성을 가지고 있다.

프레온에 의해서 성층권 오존 파괴가 일어난다는 것은 어차피 인류가 알아차릴 터였는데, 정말로 그 피해가 일어나기 이전에 깨닫게 된 것은 참으로 행운이었다고도 할 수 있다. 남극 오존 홀의 발견에 의해서 국소적이면서 프레온에 의해서 성층권 오존이 파괴된 사실이 밝혀진 것도 행운이었다. 그에 의해서 프레온을 규제할 필요성이 세계 사람들에게 인식되어 국제 협력이 단번에 진척되게 되었다. 남극의 봄에 성층권 오존이 이상적으로 적다는 것에 의심을 가지게 된 것도 그것이 프레온에 관계가 있을지 모른다고 하여 얼른 대응하여 조사에 착수하여 문제 핵심을 짧은 기간 동안에 간파할 수 있었던 것도 CIAP 위원회에 의한 SST조사에서 시작한 성층권의 과학적 연구가 발전되어 기초 지식이 만들어져 있었던 것과 과학자들의 관심이 깊었던 것이 크게 공헌하였다.

최근의 프레온 규제에 관한 몬트리올 회의나 헬싱키 선언 등을 보면 인간의 지혜는 일단 이 위기를 회피하려고 움직이는 것같아 기쁜 일이다. 그러나, 실제로 이 위기를 회피할 수 있는가 어떤가는 정부·민간 기업을 비롯하여 한 사람 한 사람 개인의 자각과 협력에 의존한다. 다소의 생활상의 불편이 있어도 프레온이나 그것을 사용해서 만든 제품의 사용을 중지하거나, 다소 비싸더라도 경제적 부담을 참고 프레온 대지품을 사용하도록 마음을 써야겠다. 프레온에 의한 피해를 사전에 알아차린 인간의 예지는 반드시 이 문제를 해결할 지혜와 용기도 창조할 수 있다고 믿고 싶다.

찾아보기

〈ㄱ〉

가스 크로마토그래피 62
가시 광선 32, 107
가장자리(림) 관측 66
간자와(神澤博) 196
고층 기상대 51
곤도(近藤豊) 194
공룡의 절멸 112, 115, 117
  내인설 118
  외인설 115, 117
공명 산란 63
공명 형광 63
공해 문제 3
  지구 규모의 3, 88
  지역적인 88, 202
공해 연구소 56
과학 아카데미의 보고, 오존
  감소에 관한 167
광학적 깊이 35
광합성 26, 106, 119
광해리 40
광화학 스모그 13, 95, 111
광화학에 의한 운동의 감쇠 작

용 137
광화학 평형 29
괴츠(Götz) 50
균일 화학 반응 163
극성층권운(PSC) 183, 188,
  190
극야 193
극야 제트류 134
극지 연구소 196
금성 135, 139
  금성의 구름 139
  금성의 대기 26, 139
기구 37
기상 연구소 56
기온 체감률 20
기후 126

〈ㄴ〉

나노미터(nm) 14
NASA(미국우주항공국) 55,
  64, 152, 164, 176
난권 27
남극의 성층권 오존 관측 176

맥머도 기지(영국) *176, 179*
쇼와 기지(일본) *174, 178*
아문센 ― 스콧 기지(미국) *179*
패러데이 기지(영국) *179*
핼레베이 기지(영국) *175, 179*
남극 오존 홀 *177*
  제2차 탐험대 *177*
  제1차 탐험대 *176*
  홀의 발견 *169*
  홀의 생성 *183*
  홀의 특질 *177*
노벨상 *38*
NOAA(해양·대기 연구소) *90*
노킹, 자동차의 *147*

〈 ㄷ 〉

단열 압축 *20*
단열 팽창 *20*
단파 복사 *126*
대기의 대순환 *80*
대기 조성 *27*
대류권 *20, 21*
대류권 계면 *23, 80, 84, 131*
대류권 계면의 틈 *23, 86*
대류권의 에어로졸 *139*
도브슨, 고든(G. Dobson) *46*

도브슨 단위 *58*
도브슨의 분광계 *46*
뒤퐁사 *145, 171*
들뜬 산소 원자 *98*
디옥시리보핵산(DNA) *108*

〈 ㄹ 〉

라디오 존데 *53*
라브록(J. Lovelock) *152*
러너웨이 온실 효과 *135, 139*
롤랜드(S. Rowland) *154*
리모트 센싱 *55*

〈 ㅁ 〉

몬트리올 의정서 *169*
몰리나(M. Molina) *153*
무역풍 *86*
미나마타병(水保病) *201*
미드글리 *144*
미량 성분, 대기의 *28, 42, 62*
  메탄(CH_4) *28, 62, 144*
  산소 원자(O) *36, 40*
  수산화염소(HOCl) *188*
  수소 분자(H_2) *62*
  수증기(H_2O) *131, 191*
  아황산가스(SO_2) *120, 139*

암모니아(NH_3) *99,100,102*
에탄(C_2H_6) *144*
염소 분자(Cl_2) *187*
염화수소(HCl) *117, 142,*
  153, 186
오존(O_3) *29, 32, 109*
이리듐(Ir) *118*
이산화탄소(CO_2) *28, 62*
일산화수소(OH) *29*
일산화염소(ClO) *29*
일산화이질소(N_2O) *28*
일산화질소(NO) *63*
질산(NHO_3) *190*
탄화수소(CH_mO_n) *96*
프레온→프레온 분자
황산(H_2SO_4) *139, 190*
미량 성분의 관측법 *61*
  시료 채집법 *62*
  원격 측정법 *55, 62, 64*
  현장 측정법 *61, 62*

〈ㅂ〉

반전법, 괴츠의 *50*
발포 스티롤 *148*
백내장 *14, 108*
백악기 *115*
번개 방전 *99*

복사에 의한 운동의 감쇠 작용
  137
부아송(Buisson) *46*
분광계 *37*
분자량 *27*
분자의 흡수 스펙트럼 *66*
불균일 화학 반응 *163*
브르워(A.W.Brewer) *77*
브르워−도브슨 환류 *77, 82*
BUV법 *54*
비타민 D *108*
빈 조약 *169*
빛의 스펙트럼 *32*
빙하 시대 *130*

〈ㅅ〉

사막의 생성(및 사막화) *81*
산성비 *118*
성층권 *20, 23*
  상부 성층권 *23*
  중부 성층권 *23*
  하부 성층권 *23*
성층권 계면 *23*
성층권 돌연 승온 *137, 194*
성층권 에어로졸 *139*
성층권 초음속기→SST
세균 *98*

소기 28
솔로먼, 수잔(S. Solomon) 176
수소산화물 71
순산소 대기 40
스페이스 셔틀 152
시상수 29, 76
CIAP위원회 3, 90

〈ㅇ〉

아열대 제트류 81
알로사 관측소 50
알베도(반사능) 127
알베도값, 지구의 139
압플라낼(Abplanalp) 147
애플턴(E. Appleton) 38
앨버레즈(L. W. Alvarez) 117
야광운 21
에디슨, 토머스(T. Edison) 147
SST(성층권 초음속기) 88
  문제의 재평가 91
  성층권에 대한 영향 91
  콩코드 SST 89
  TU144기 89
에어로졸 분사기 16, 149
에어로졸 분사기 사용의 금지
  169

에어로졸 입자 55, 132, 138,
  190
  거대 입자 138
  대입자 138
  아이킨 입자 138
에어 컨디셔닝 147
NSF(미국 과학 기금 재단)
  176
NAS(미국 과학 아카데미)
  159, 167
X선 32
열권 23, 35
염소 산화물 72
염소의 질산염 186
오로라 23
오존 분포에 관한 모델 계산
  156
  3차원 모델 159
  2차원 모델 160
  1차원 모델 156
오존에 의한 대기 가열 22
오존의 광화학적 수명 184
오존의 소멸(또는 감소) 134
오존 홀에 있어서의 184
자기 치료 작용 134
채프먼 반응에 의한 41
촉매 작용에 의한 41

오존의 흡수 32
  차퓌스 띠 흡수 35
  허긴스 띠 흡수 35
  하틀리 띠 흡수 35
오존층 38
  오존층의 발견 37
  오존층의 생성 이론 40
  오존층의 예언 36
  오존층의 진화 118
오존층의 관측 56
  괴츠의 반전법 50
  기구에 의한 37, 51
  도브슨 분광계 46
  라이더법 56
  로켓에 의한 37
  오존 존데 51
  인공 위성에 의한 54
    TOMS 55, 57
    후방 산란 자외선법(BUV법)
    54
  전기 화학법 51
  필터법 49
  항공기에 의한 63
    화학 형광법 51
온난화, 지구의 130
온도풍 195
온실 효과 131

다른 미량 성분에 의한 132
  러너웨이 효과 131, 135
  이산화탄소에 의한 131
  프레온에 의한 165
우레탄폼 148
우주 비행선 「바이킹호」 122
우주선 13
  은하 우주선 117
  태양 우주선 112
유성운 21
U2기 63
융계층 139
이산화탄소(CO_2)의 증가 130
ER2기 64, 177
이온 112
이온층 23, 38
EPA(미국 환경 보전국) 167
인공 위성, 오존 관측을 위한
  54
  님버스 4 55
  님버스 7 55
  오오조라(大空) 55
일기(또는 날씨) 126
일광욕 살롱 112
일렉트론 112

〈ㅈ〉

자오면 23
자외선 32
  단파장 자외선(UVC) 105
  정파장 자외선(UVA) 105
  중파장 자외선(UVB) 105
장파 복사 128
적도 수렴대(ITCZ) 86
적도의 적란운 84
적외 복사(또는 적외선
  복사) 128
적외선 32
전기 냉장고 146
전기 화학법 51
전파 32
절대 온도 21
제트 추진 연구소(JPL) 152
존스턴, 해럴드(H. Johnston)
  68
주극맴돌이 운동 82, 193
주성분, 대기의 27
  산소 분자(O₂) 40
  질소 분자(N₂) 99
주하치(忠針繁) 174
죽음의 재 78
중간권 23
중간권계면 23

중층 대기 24
지구 대기의 운동
  극맴돌이 운동 193
  극지방의 순환 193
  난류 26
  대기의 대순환 80
  대류 26
  맴돌이에 의한 혼합 작용
    27
  맴돌이 확산 운동 76
  성층권의 대순환 82
  조석 27
지구 자기 113
지구 자기의 역전 113
지상에 도달하는 자외선의 세기
  104
질산염(NO₃⁻) 99
질소 고정 작업 99
질소 산화물 98
질소의 순환 99
질소 화학 비료 98
  질안(NH₄NO₃) 102
  황안((NH₄)₂SO₄) 102

〈ㅊ〉

채프먼, 시드니(S. Chapman)
  40

채프먼 반응(또는 기구) *42*
채프먼 이론 *42*
초신성의 폭발 *117*
촉매 작용(또는 초매 반응) *68*
　수소 산화물 *71*
　염소 산화물 *72*
　질소 산화물 *68*
최종 승온 *197*
추적자(tracer) *76*
측정기 기준의 계통적 어긋남
　164
침입고도 *35*

〈ㅋ〉

코리올리의 편향력 *80*
크루첸, 폴(P. Crutzen) *68*

〈ㅌ〉

탈질 작용 *100*
태양 광선 *32*
태양광선의 스펙트럼 *32, 64*
태양면의 폭발 *112*
태양 활동의 11년 주기변화
　163
티스랑 드 보르(Teisserence
　de Bort) *20*

〈ㅍ〉

파렐 순환 *81*
파먼(J. Farman) *174*
파브리(C. Fabry) *46*
포화 증기 압력 *190*
풍선 폭탄 *83*
프레온 *145*
프로톤 *112*
프레온 분자(CFC)
　CFC 134$_a$ *171*
　CFC 114 *171*
　CFC 113 *171*
　CFC 123 *171*
　CFC 12 *171*
　CFC 11 *171*
　CFC 22 *172*
프레온 분자의 구조와 그 이름
　145
프레온에 의한 성층권 오존의
　감소 *156*
프레온의 규제 *166*
프레온의 대체품 *171*
프레온의 사용 목적 *151*
프레온의 생산 *166*
프레온의 생산량 *149*
프레온의 수명 *155*
프레온의 용도 *144*

피드백 *132*
피부암 *108*
　비악성 피부암 *108*
　악성 비부암 *109*
피부암의 발생률 *110*
피부 염증(볕에 타기) *108*
피카르(A. Piccard) *12*
ppm *13*

〈ㅎ〉

하들리 순환 *81*
한랭화, 지구의 *130*
할론 *170*
해리 *40*
핵폭발 실험 *79*
행성 파동 *27, 62, 195*

헬싱키 선언 *170*
혼합비, 대기 성분의 *28*
홀수 산소 *42*
화산 가스 *118*
화산의 분화(또는 폭발) *118*
　엘치촌 화산의 폭발 *163*
　크라카타우 화산의 폭발 *78*
화성 *121*
　화성의 대기 *121*
　화성의 오존 *121*
　화성의 탐사 *123*
화학 형광 *53*
화학 형광법 *53*
화산 활동 *117*
흑체 복사 *126*
흡수 단면적 *35*

지구의 수호신 성층권 오존   **B108**

1992년	3월	30일	초판
1997년	7월	30일	2 쇄

옮긴이   한명수

펴낸이   손영일

펴낸곳   전파과학사

서울시 서대문구 연희2동 92-18

TEL. 333-8877·8855

FAX. 334-8092   1956. 7. 23. 등록 제10-89호

・판권 본사 소유   ・파본은 구입처에서 교환해 드립니다.

ISBN   89-7044-108-5   03440

BLUE BACKS 한국어판 발간사

블루백스는 창립 70주년의 오랜 전통 아래 양서발간으로 일관하여 세계유수의 대출판사로 자리를 굳힌 일본국·고단샤(講談社)의 과학계몽 시리즈다.

이 시리즈는 읽는이에게 과학적으로 사물을 생각하는 습관과 과학적으로 사물을 관찰하는 안목을 길러 일진월보하는 과학에 대한 더 높은 지식과 더 깊은 이해를 더 하려는 데 목표를 두고 있다. 그러기 위해 과학이란 어렵다는 선입감을 깨뜨릴 수 있게 참신한 구성, 알기 쉬운 표현, 최신의 자료로 저명한 권위학자, 전문가들이 대거 참여하고 있다. 이것이 이 시리즈의 특색이다.

오늘날 우리나라는 일반대중이 과학과 친숙할 수 있는 가장 첩경인 과학도서에 있어서 심한 불모현상을 빚고 있다는 냉엄한 사실을 부정 할 수 없다. 과학이 인류공동의 보다 알찬 생존을 위한 공동추구체라는 것을 부정할 수 없다면, 우리의 생존과 번영을 위해서도 이것을 등한히 할 수 없다. 그러기 위해서는 일반대중이 갖는 과학지식의 공백을 메워 나가는 일이 우선 급선무이다. 이 BLUE BACKS 한국어판 발간의 의의와 필연성이 여기에 있다. 또 이 시도가 단순한 지식의 도입에만 목적이 있는 것이 아니라, 우리나라의 학자·전문가들도 일반대중을 과학과 더 가까이 하게 할 수 있는 과학물저작활동에 있어 더 깊은 관심과 적극적인 활동이 있어 주었으면 하는 것이 간절한 소망이다.

1978년 9월

발행인 孫永壽

도서목록

BLUE BACKS

① 광합성의 세계
② 원자핵의 세계
③ 맥스웰의 도깨비
④ 원소란 무엇인가
⑤ 4차원의 세계
⑥ 우주란 무엇인가
⑦ 지구란 무엇인가
⑧ 새로운 생물학
⑨ 마이컴의 제작법(절판)
⑩ 과학사의 새로운 관점
⑪ 생명의 물리학
⑫ 인류가 나타난 날 I
⑬ 인류가 나타난 날 II
⑭ 잠이란 무엇인가
⑮ 양자역학의 세계
⑯ 생명합성에의 길
⑰ 상대론적 우주론
⑱ 신체의 소사전
⑲ 생명의 탄생
⑳ 인간영양학(절판)
㉑ 식물의 병(절판)
㉒ 물성물리학의 세계
㉓ 물리학의 재발견(상)
㉔ 생명을 만드는 물질
㉕ 물이란 무엇인가
㉖ 촉매란 무엇인가
㉗ 기계의 재발견
㉘ 공간학에의 초대
㉙ 행성과 생명
㉚ 구급의학 입문(절판)
㉛ 물리학의 재발견(하)
㉜ 열번째 행성
㉝ 수의 장난감상자
㉞ 전파기술에의 초대
㉟ 유전독물
㊱ 인터페론이란 무엇인가
㊲ 쿼 크
㊳ 전파기술입문
㊴ 유전자에 관한 50가지 기초지식
㊵ 4차원 문답
㊶ 과학적 트레이닝(절판)
㊷ 소립자론의 세계
㊸ 쉬운 역학 교실
㊹ 전자기파란 무엇인가
㊺ 초광속입자 타키온

㊻ 파인 세라믹스
㊼ 아인슈타인의 생애
㊽ 식물의 섹스
㊾ 바이오테크놀러지
㊿ 새로운 화학
51 나는 전자이다
52 분자생물학 입문
53 유전자가 말하는 생명의 모습
54 분체의 과학
55 섹스 사이언스
56 교실에서 못배우는 식물이야기
57 화학이 좋아지는 책
58 유기화학이 좋아지는 책
59 노화는 왜 일어나는가
60 리더십의 과학(절판)
61 DNA학 입문
62 아몰퍼스
63 안테나의 과학
64 방정식의 이해와 해법
65 단백질이란 무엇인가
66 자석의 ABC
67 물리학의 ABC
68 천체관측 가이드
69 노벨상으로 말하는 20세기 물리학
70 지능이란 무엇인가
71 과학자와 기독교
72 알기 쉬운 양자론
73 전자기학의 ABC
74 세포의 사회
75 산수 100가지 난문·기문
76 반물질의 세계
77 생체막이란 무엇인가
78 빛으로 말하는 현대물리학
79 소사전·미생물의 수첩
80 새로운 유기화학
81 중성자 물리의 세계
82 초고진공이 여는 세계
83 프랑스 혁명과 수학자들
84 초전도란 무엇인가
85 괴담의 과학
86 전파란 위험하지 않은가
87 과학자는 왜 선취권을 노리는가?
88 플라스마의 세계
89 머리가 좋아지는 영양학
90 수학 질문 상자

도서목록

BLUE BACKS

(91) 컴퓨터 그래픽의 세계
(92) 퍼스컴 통계학 입문
(93) OS/2로의 초대
(94) 분리의 과학
(95) 바다 야채
(96) 잃어버린 세계·과학의 여행
(97) 식물 바이오 테크놀러지
(98) 새로운 양자생물학
(99) 꿈의 신소재·기능성 고분자
(100) 바이오테크놀러지 용어사전
(101) Quick C 첫걸음
(102) 지식공학 입문
(103) 퍼스컴으로 즐기는 수학
(104) PC통신 입문
(105) RNA 이야기
(106) 인공지능의 ABC
(107) 진화론이 변하고 있다
(108) 지구의 수호신·성층권 오존
(109) MS-Windows란 무엇인가
(110) 오답으로부터 배운다
(111) PC C언어 입문
(112) 시간의 불가사의
(113) 뇌사란 무엇인가?
(114) 세라믹 센서
(115) PC LAN은 무엇인가?
(116) 생물물리의 최전선
(117) 사람은 방사선에 왜 약한가?
(118) 신기한 화학매직
(119) 모터를 알기쉽게 배운다
(120) 상대론의 ABC
(121) 수학기피증의 진찰실
(122) 방사능을 생각한다
(123) 조리요령의 과학
(124) 앞을 내다보는 통계학
(125) 원주율 π의 불가사의
(126) 마취의 과학
(127) 양자우주를 엿보다
(128) 카오스와 프랙털
(129) 뇌 100가지 새로운 지식
(130) 만화수학소사전
(131) 화학사 상식을 다시보다
(132) 17억 년 전의 원자로
(133) 다리의 모든 것
(134) 식물의 생명상
(135) 수학·아직 이러한 것을 모른다
(136) 우리 주변의 화학물질
(137) 교실에서 가르쳐주지 않는 지구이야기
(138) 죽음을 초월하는 마음의 과학
(139) 화학재치문답
(140) 공룡은 어떤 생물이었나
(141) 시세를 연구한다
(142) 스트레스와 면역
(143) 나는 효소이다
(144) 이기적인 유전자란 무엇인가
(145) 인재는 불량사원에서 찾아라
(146) 기능성 식품의 경이
(147) 바이오 식품의 경이
(148) 몸속의 원소여행
(149) 궁극의 가속기 SSC와 21세기 물리학
(150) 지구환경의 참과 거짓
(151) 중성미자 천문학
(152) 제2의 지구란 있는가
(153) 아이는 이처럼 지쳐 있다
(154) 중국의학에서 본 병아닌 병
(155) 화학이 만드는 놀라운 기능재료
(156) 수학 퍼즐 랜드
(157) PC로 도전하는 원주율
(158) 사막의 낙타는 왜 태양을 향하는가
(159) PC로 즐기는 물리 시뮬레이션
(160) 대인관계의 심리학
(161) 화학반응은 왜 일어나는가
(162) 한방의 과학
(163) 초능력과 기의 수수께끼에 도전한다
(164) 과학·재미있는 질문 상자
(165) 컴퓨터 바이러스
(166) 산수 100가지 난문·기문 3
(167) 속산 100의 테크닉
(168) 에너지로 말하는 현대 물리학
(169) 전철 안에서도 할 수 있는 정보처리
(170) 슈퍼 파워 효소의 경이
(171) 화학오답집
(172) 태양전지를 익숙하게 다룬다
(173) 무리수의 불가사의
(174) 과일의 박물학
(175) 응용초전도
(176) 무한의 불가사의
(177) 전기란 무엇인가
(178) 0의 불가사의
(179) 솔리톤이란 무엇인가?
(180) 여자의 뇌·남자의 뇌
(181) 심장병을 예방하자

도서목록

청소년 과학도서

위대한 발명·발견

바다의 세계 시리즈

바다의 세계 ① ~ ⑤

현대과학신서

A1 일반상대론의 물리적 기초	A35 물리학사
A2 아인슈타인 I	A36 자기개발법
A3 아인슈타인 II	A37 양자전자공학
A4 미지의 세계로의 여행	A38 과학 재능의 교육
A5 천재의 정신병리	A39 마찰 이야기
A6 자석 이야기	A40 지질학. 지구사 그리고 인류
A7 러더퍼드와 원자의 본질	A41 레이저 이야기
A9 중력	A42 생명의 기원
A10 중국과학의 사상	A43 공기의 탐구
A11 재미있는 물리실험	A44 바이오 센서
A12 물리학이란 무엇인가	A45 동물의 사회행동
A13 불교와 자연과학	A46 아이작 뉴턴
A14 대륙은 움직인다	A48 레이저와 홀러그러피
A15 대륙은 살아있다	A49 처음 3분간
A16 창조 공학	A50 종교와 과학
A17 분자생물학 입문 I	A51 물리철학
A18 물	A52 화학과 범죄
A19 재미있는 물리학 I	A54 생명이란 무엇인가
A20 재미있는 물리학 II	A55 양자역학의 세계상
A21 우리가 처음은 아니다	A56 일본인과 근대과학
A22 바이러스의 세계	A57 호르몬
A23 탐구학습 과학실험	A58 생활속의 화학
A24 과학사의 뒷얘기 I	A60 우리가 먹는 화학물질
A25 과학사의 뒷얘기 II	A61 물리법칙의 특성
A26 과학사의 뒷얘기 III	A62 진화
A27 과학사의 뒷얘기 IV	A63 아시모프의 천문학입문
A28 공간의 역사	A64 잃어버린 장
A29 물리학을 뒤흔든 30년	A65 별·은하·우주
A30 별의 물리	A8 이중나선(절판)
A31 신소재 혁명	A47 생물학사(절판)
A32 현대과학의 기독교적 이해	A53 수학의 약점(절판)
A33 서양과학사	A59 셈과 사람과 컴퓨터(절판)
A34 생명의 뿌리	

도서목록

교양과학도서

농토의 황폐
핵발전·방사선·핵폭탄
암 — 그 과학과 사회성
현대 초등과학교육론
환경과학입문
연료전지
노벨상의 발상
노벨상의 빛과 그늘
21세기의 과학
천체사진 강좌
초전도 혁명
우주의 창조
뉴턴의 법칙에서 아인슈타인의 상대론까지
유전병은 숙명인가?
화학정보, 어떻게 찾을 것인가?
아인슈타인 — 생애·학문·사상
탐구활동을 통한 — 과학교수법
물리 이야기
과학사
자연철학 개론
신비스러운 분자
술과 건강
과학의 개척자들
이중나선
재배식물의 기원
지구환경과 바이오테크놀러지
새롭고 고마운 토양권
새로운 철도시스템
화학용어사전
과학과 사회
일본의 VTR산업 왜 세계를 제패했는가
화학의 역사
찰스 다윈의 비글호 항해기
괴델 불완전성 정리
알고 보면 재미나는 전기 자기학
금속이란 무엇인가
전파로 본 우주
생명과 장소
잘못 알기 쉬운 과학 개념
과학과 사회를 잇는 교육
수학 역사 퍼즐
물리 속의 물리
세계 중요 동식물 명감
액정

중국과학의 사상적 풍토
아인슈타인을 넘어서
새로운 물리를 찾아서
MBC 라디오 하장보 환경컬럼집
진공이란 무엇인가
위상공간으로 가는 길
바이오테크놀러지의 세계
퍼즐 물리 입문
퍼즐 수학 입문
상대성이론과 상식의 세계
모건과 초파리
미적분에 강해진다
해양생물의 화학적 신호
패러독스의 세계
비유클리드기하의 세계
항생물질 이야기
하늘을 나는 물리의 서커스
알기 쉬운 미적분
수학 아이디어 퍼즐
제로에서 무한으로
현대물리학사전
노이즈의 세계
인간에게 있어 산림이란 무엇인가
재미있는 화학
이야기 물리학사
과학사 총설
지구환경의 변천
고전물리학의 창시자들을 찾아서
질량의 기원
엔트로피와 예술
상대성이론의 종말
수능대비 고난도 수학 문제집
기상학 입문
공룡은 온혈운동?
별에게로 가는 계단
불확정성 원리
뇌로부터 마음을 읽는다